Le Soleil liquide

Une révolution à venir en astrophysique

Alexander Unzicker

Copyright © 2023 Alexander Unzicker

Tous droits réservés.

ISBN-13: 979-8850201692

Contenu

Préface 5

Introduction. Un personnage curieux : l'homme qui a redécouvert la vraie nature du Soleil 7

Partie I. Le problème : il y a quelque chose qui ne va pas avec la lumière du Soleil 17

Chapitre 1. À l'évidence : pourquoi le Soleil n'est pas un tube lumineux 17

Chapitre 2. Le spectre du corps noir : ce qu'une ampoule et le Soleil ont en commun 29

Chapitre 3. L'opacité : la longue lutte pour rendre le Soleil différent qu'il ne soit 40

Partie II. L'explication : une forme exotique d'hydrogène 51

Chapitre 4. La société des atomes : molécules familiales et communautés de réseaux 51

Chapitre 5. Le quantique entre en jeu : quand il est logique de former un réseau 61

Chapitre 6. La surface du Soleil : une transition de phase vers l'état métallique 70

Partie III. La preuve : croyez ce que vous voyez 83

Chapitre 7. Les granulés et autres structures : beaucoup trop détaillés pour un gaz 83

Chapitre 8. Une éruption de la vérité : l'éruption solaire géante en 2011 96

Chapitre 9. Les empreintes atomiques : la preuve criminologique 108

Partie IV. La révolution à venir 121

Chapitre 10. À la recherche de preuves décisives : ce que nous pouvons espérer 121

Chapitre 11. L'astrophysique renversée : comment un soleil liquide change notre idée des étoiles 133

Chapitre 12. La façon dont cela s'est mal passé : histoire et sociologie des percées scientifiques 144

Littérature 153

Préface

Notre étoile, le Soleil, est à l'origine de toute vie terrestre dans un univers largement inhabitable. À une distance de 150 millions de kilomètres de la Terre, il rayonne une quantité incroyable d'énergie dans l'espace. En tant que physiciens, nous nous occupons presque quotidiennement du Soleil. La réalisation que nous comprenons si peu la composition de notre étoile s'est avérée un choc personnel. Alors que la production d'énergie par fusion nucléaire est suffisamment bien comprise, suite à une inspection rigoureuse, l'image courante du Soleil en tant que plasma gazeux s'avère intenable.

Ce qu'il faut appeler une révolution scientifique est presque exclusivement l'œuvre d'un seul homme, Pierre-Marie Robitaille. Robitaille a fait une quantité admirable de recherches qui couvrent non seulement ce que nous appelons la physique solaire, mais aussi les sujets pertinents de la chimie, de la spectroscopie et de l'histoire. Il a déjà exposé l'essentiel des preuves de son modèle du Soleil liquide et j'encourage le lecteur à suivre en détail.[1]

Si bon nombre des articles scientifiques de Robitaille nécessitent des connaissances préalables, il n'est donc pas facile pour les scientifiques, et encore moins pour le grand public, de saisir l'importance de ses travaux. Pour cette raison, j'ai décidé de donner un compte rendu populaire de sa théorie tout en me concentrant sur les faits les plus évidents qui la soutiennent. Bien que le développement de ce modèle alternatif du Soleil soit entièrement le mérite de Robitaille, j'assume personnellement la responsabilité des informations présentées dans ce livre. Ainsi, toutes les erreurs petites ou grossières qu'il peut contenir sont les miennes, bien que j'aie fait de mon mieux pour réfléchir, vérifier et revérifier ce modèle. Par conséquent, il y a quelques points mineurs sur lesquels je ne suis pas d'accord avec Robitaille qui ne changent rien à la vue d'ensemble.

Il était tentant de commencer par les preuves les plus spectaculaires du modèle de l'hydrogène métallique liquide et le lecteur impatient peut également sauter à ces images dans la partie III.

---

[1] Presque tout le matériel se retrouve ici : https://www.ptep-online.com et sur sa chaîne YouTube https://youtube.com/c/SkyScholar.

Cependant, je pense que la meilleure façon de faire apprécier aux gens ce qui a été constaté est de commencer par les bases de la physique atomique nécessaires pour comprendre comment la lumière du Soleil est produite. Cela nécessite une formation en physique au niveau secondaire, tout comme la partie II, dans laquelle l'état métallique de l'hydrogène est introduit. Vraisemblablement, cet état intrigant de la matière serait le modèle établi aujourd'hui s'il avait été découvert avant 1935.

La preuve visuelle la plus évidente du modèle de l'hydrogène métallique liquide est examinée dans la partie III, fournissant une base pour le raisonnement souvent plus avancé dans les articles de Robitaille. Enfin, la partie IV traite des implications possibles pour l'astrophysique et aussi pour la cosmologie. Revenant à nouveau sur l'histoire des sciences solaires, il tente de fournir un cadre plus général pour évaluer ce qui a été développé en termes de méthodologie scientifique.

À titre personnel, ceci est un autre de mes livres qui critique la science traditionnelle. Pourtant, je n'aime pas critiquer en principe. Je pense plutôt que c'est une conséquence de mon désir de vraiment comprendre les choses et d'avoir le privilège – comme Robitaille l'avait – d'être indépendant de la science institutionnalisée. Je ne dois de respect à personne et sa théorie est tout simplement logique.

Mais j'ai aussi appris que toutes les personnes que je considère intelligentes ne pensent pas automatiquement de la même manière. En discutant avec des amis de « l'autre camp » qui n'aimeraient même pas être cités dans ce livre, je me suis aussi rendu compte qu'avec leur bagage et leurs connaissances indéniables, nous pouvions arriver à d'autres conclusions. Pourtant, je crois fermement qu'un débat ouvert ne nuit jamais à l'entreprise scientifique. Quiconque a écouté mes conclusions, également en privé, a mérité ma gratitude.

Introduction

Un personnage curieux :
L'homme qui a redécouvert la vraie nature du Soleil

Après avoir visionné pour la première fois une conférence de Pierre-Marie Robitaille sur une chaîne YouTube, je suis tombé sur un commentaire d'une personne exprimant sa gratitude envers Robitaille pour avoir sauvé sa mère du cancer. Je pensais que ce commentaire apparemment hors sujet avait été fait par erreur, mais plus tard je me suis rendu compte qu'en dehors de ses recherches sur le Soleil, Robitaille avait bel et bien établi un record mondial en imagerie médicale. Il avait développé un nouvel appareil d'imagerie par résonance magnétique (IRM) avec une résolution sans précédent qui a conduit à la découverte précoce de la tumeur pour la mère du commentateur.

Cela a suscité de nombreuses questions. L'affirmation selon laquelle le Soleil était constitué de matière condensée était audacieuse et, dans de tels cas, les scientifiques ont tendance à vérifier les antécédents des personnes qui promeuvent de telles théories controversées. Il était facile de découvrir qu'avec l'appareil d'IRM à champ ultra élevé, Robitaille avait fait une découverte révolutionnaire dont l'humanité bénéficierait grandement, défiant les attentes d'experts tels que le lauréat du prix Nobel Peter Lauterbur, qui avait prédit qu'une telle technique était irréalisable. Robitaille avait accompli l'impossible. Pourquoi ne s'est-il pas concentré sur sa carrière et n'a-t-il pas entrepris le voyage des lauréats du prix Nobel à Stockholm au lieu de s'occuper des subtilités d'une loi de la thermodynamique vieille de 150 ans, que la plupart des physiciens ne peuvent même pas formuler ? Pourquoi risquait-il sa réputation et travaillait-il dans un domaine de la physique totalement différent en avançant un modèle du Soleil que presque tous les experts contemporains considèrent comme exotique ?

> « J'ai eu beaucoup de chance. Quand j'ai quitté l'IRM, je pouvais simplement lire. En tant que professeur titulaire, j'ai passé des années à lire. » – Pierre-Marie Robitaille[1]

Se plonger directement dans les faits est quelque chose que nous pouvons attendre d'un livre de vulgarisation scientifique. Cependant, Robitaille est une personne tellement inhabituelle qu'il faudrait s'intéresser un instant à sa personnalité. Ce n'est pas seulement pour lui donner le mérite d'une énorme science qui n'est pas la mienne, mais cela aide aussi à évaluer le contenu de ce que Robitaille a découvert en considérant comment il travaille et qui il est. Il s'avère que, même s'il ne semble pas y avoir de lien évident entre son travail de professeur de radiologie et ses découvertes en astrophysique, il existe bel et bien un lien subtil entre ces domaines qui démontre encore une fois à quel point Robitaille a puisé profondément dans les lois physiques élémentaires dont nombreux physiciens manquent encore une compréhension adéquate.

Tradition de recherche européenne

Robitaille a une façon inhabituelle de prononcer ses discours. Il dédie ses conférences à sa mère décédée (« elle m'a appris à aimer ») ou à son père, un médecin qui avait reçu le statut de chef honorifique de la communauté amérindienne de Sagamok pour les soins extraordinaires qu'il prodiguaient à leurs membres, notamment dans la réduction de la mortalité infantile. Dans l'environnement scientifique d'aujourd'hui, cela peut sembler inhabituel. Cependant, il est révélateur de l'impératif moral d'un scientifique attaché à des valeurs devenues rares chez les chercheurs contemporains. Robitaille est un chercheur de vérité dans le meilleur sens du terme. Il semble être un vestige de la tradition révolue de la recherche européenne, notamment parce que son enquête sur l'histoire des modèles solaires l'a amené à étudier de nombreux articles originaux en allemand, en italien et en français, ce dernier étant dû à son origine canadienne-française. Le français est sa langue maternelle.

Même si nous pouvons prétendre que cela ne devrait pas faire beaucoup de différence pour la science, regarder une conférence est une expérience différente de la simple lecture d'articles. Incidemment, j'avais lu et même cité certains des articles de Robitaille (dans lesquels il commentait le fond cosmique des micro-ondes) dans mes livres comme référence technique, mais je n'avais pas réalisé à l'époque à quel point ses arguments étaient percutants. Je me souviens cependant avoir été impressionné lorsque j'ai vu pour la première fois sa conférence de 2014 sur le Soleil sur une chaîne YouTube.[2] J'ai presque frissonné quand il a dit : « Je vais argumenter que le Soleil est de la matière condensée. » Quoi? Pendant des décennies, j'avais moi-même tenu pour acquis que le Soleil était composé d'hydrogène gazeux chaud, mais j'ai immédiatement réalisé que je n'avais jamais correctement réfléchi à la question. Ses arguments avaient beaucoup de sens. J'ai approfondi la question pendant quelques semaines et vérifié que chacune de ses déclarations était solide et étayée par des preuves, alors qu'en revanche, de nombreuses affirmations du modèle solaire standard se sont révélées fragiles, une fois que vous avez essayé de trouver des preuves tangibles. La même année, j'ai donné une conférence à la Société allemande d'astronomie, essayant d'inciter les gens à discuter sérieusement de ce que je considérais comme une sensation scientifique. J'ai défendu sa théorie. Ainsi, nous en sommes venus à échanger des courriels et sommes devenus amis. Il m'a même rendu visite à Munich en 2017 et en 2019. J'ai remarqué que même s'il était religieux, il me traitait, l'agnostique déclaré, avec le plus grand respect et la plus grande chaleur. Si toutes les personnes religieuses étaient comme lui, le monde serait meilleur. Mais ses convictions lui avait aussi causé quelques problèmes.

Robitaille est un grand admirateur de la personnalité de Max Planck, un luthérien dévot, qui a découvert la loi générale emblématique du rayonnement thermique. Planck a tant influencé l'œuvre de Robitaille que ce dernier a dédié une note biographique[3] à sa grande idole. Malheureusement, comme le décrit Robitaille, Planck a vu ses quatre enfants mourir de son vivant, son fils cadet Erwin étant tué par les nazis en 1945 pour avoir participé à la tentative de coup d'État du 20 juillet 1944. Les racines de cette tragédie résident aussi dans le caractère de Planck, qui allie l'humilité avec le courage. Auparavant, lors d'une rencontre personnelle avec Hitler, il s'était ouvertement opposé à l'expulsion des Juifs des institutions scientifiques. Robitaille a étudié la vie et l'œuvre de Planck probablement comme personne d'autre. Je pense que s'il y a une figure historique qui lui a servi de modèle, c'est Planck.

Avec une mentalité de principes allant au-delà de la science, Robitaille s'est fait un nombre considérable d'ennemis. Par exemple, il n'aimait pas faire fonctionner son appareil d'IRM nouvellement construite le dimanche et refusait de mettre du matériel fœtal provenant d'avortements dans son scanner. Par contre, en 1998, il a été le premier à avoir le courage de mettre sa tête dans ce nouvel instrument, au grand désarroi du comité consultatif d'éthique. Des années auparavant, ses collègues l'avaient averti qu'une force de champ aussi intense « ferait frire le cerveau » des patients. Pourtant Robitaille savait mieux. Il comprenait vraiment Planck.

Robitaille est une personne extraordinairement instruite, calme et respectueuse. Il adore passer du temps avec ses petits-enfants, s'absenter de la science pendant un mois et s'adonne à des activités telles que le travail de charpentier - bien sûr gratuitement - pour rénover un couvent de religieuses dominicaines. Pourtant, sous ce caractère amical, il y a une ferme conscience de ses capacités, probablement cultivée dans l'atmosphère d'une famille aimante.

Plus qu'une carrière scientifique

Robitaille a commencé sa carrière en complétant une maîtrise à l'Iowa State University tout en préparant un doctorat avec David E. Metzler,[4] un biochimiste extrêmement connu et auteur d'un manuel célèbre. Là, Robitaille a d'abord adopté les méthodes de résonance magnétique nucléaire (RMN) pour étudier la biochimie des cellules vivantes. Bien que telles expériences donneront finalement naissance à l'IRM médicale (imagerie par résonance magnétique), Metzler n'était pas intéressé. Ainsi, Robitaille s'est joint au groupe de George G. Brown, qui étudiait les spermatozoïdes par microscopie électronique. Il a fini par faire un doctorat avec une double spécialisation en zoologie avec Brown et en chimie inorganique avec Donald M. Kurtz. Après avoir étudié les cellules vivantes à l'Iowa State University avec la RMN, Robitaille a utilisé l'un des premiers scanners de 4,7 tesla pour petits animaux à l'Université du Minnesota et a suivi une formation de spectroscopiste cardiaque in vivo. Par la suite, il a reçu de nombreuses offres dans des institutions prestigieuses et, fait inhabituel pour une personne de 28 ans, est devenu directeur de la recherche en IRM à l'Ohio State University. En 1995, Robitaille a obtenu des fonds qui lui ont permis de construire le premier système d'IRM à champ ultra élevé au monde. Cette technique conduirait à des images d'une résolution sans précédent,[5] stimulant les systèmes d'IRM « conventionnels » qui avaient déjà sauvé des milliers de vies et évité à des millions de patients les effets secondaires potentiellement dangereux de l'imagerie par rayons X. Cette technique révolutionnaire d'IRM à champ moyen avait été développée dans les années 1970 et 1980 par Paul Lauterbur et Peter Mansfield, qui ont reçu conjointement le prix Nobel de médecine et de physiologie en 2003.

L'idée brillante derrière l'IRM est que nous nous concentrons sur l'état des noyaux atomiques alors que presque tous les autres processus biologiques impliquent des orbitales électroniques. Les coquilles remplies d'électrons sont responsables de la formation des molécules, mais elles sont 100 000 fois plus grosses que le noyau. Ainsi, tout ce qui pourrait être nocif au niveau biomoléculaire est protégé par cette distance d'un ordre de grandeur. Afin d'extraire des informations des noyaux, ils doivent être manipulés par des champs magnétiques puissants. Les noyaux peuvent être considérés comme se comportant ainsi que de petits aimants ou des spins qui peuvent être orientés par de puissants champs magnétiques. Ces champs, cependant, n'infligent en principe aucun dommage aux tissus humains. Cela est tout à fait vrai pour le champ magnétique statique qui « peigne », pour ainsi dire, les spins des noyaux dans la direction du champ. Afin de synchroniser un grand nombre de ces noyaux dans un ensemble qui émet finalement un signal détectable, un champ magnétique oscillant doit être appliqué qui est, par définition, une onde électromagnétique. Bien qu'elles fassent parfois l'objet d'un débat public, les ondes électromagnétiques sont en général inoffensives, mis à part le fait évident qu'elles contiennent une énergie qui, à haute intensité, peut causer des dommages. Avec une fréquence croissante (et une longueur d'onde décroissante), les ondes électromagnétiques génèrent un champ de rayonnement qui peut être absorbé par les tissus humains. C'est précisément pourquoi vous ne devriez pas sécher votre chat dans un four à micro-ondes.

Bien que la technologie n'ait initialement jamais atteint des niveaux de rayonnement, des fréquences plus élevées produisent une meilleure qualité d'image. Par conséquent, il était tout à fait naturel que les chercheurs aient poussé pour ces fréquences plus élevées, qui à leur tour nécessitaient un champ magnétique plus fort. Les scanners IRM conventionnels utilisés dans les cliniques fonctionnent dans la gamme de 1,5 à 3 tesla, ce qui est déjà 30 000 à 60 000 fois plus puissant que le champ magnétique de la Terre. Nous croyions que c'était la limite raisonnable de l'intensité du champ, au-dessus de laquelle une absorption risquée d'énergie ne pouvait pas être exclue. En fait, lorsque Robitaille a proposé pour la première fois des champs plus forts dans la gamme de 8 tesla et plus (appelés en anglais : Ultra High Field Magnetic Resonance Imaging UHFMRI) lors d'une conférence en 1995, il a été immédiatement averti par ses collègues qu'une telle technique ferait des ravages sur la santé des malades.

Contre tous les pronostics

Des années plus tard, le lauréat du prix Nobel Paul Lauterbur écrivait dans la préface d'une monographie sur[6] *Imagerie par résonance magnétique à champ ultra élevé* (UHFMRI) :[7]

> *Les experts qui avaient dit, et même écrit, que les fréquences supérieures à 10 MHz ne seraient jamais pratiques observaient avec étonnement alors que les scientifiques et les ingénieurs poussaient les performances des instruments à des niveaux toujours plus élevés à des intensités de champ magnétique toujours croissantes...*

L'un des experts auxquels il a fait référence à la troisième personne était Lauterbur lui-même. Mais pourquoi Robitaille a-t-il consacré son temps à construire un instrument impraticable si les plus grands chercheurs avaient émis un tel avertissement ?

La réponse réside dans le fait que Robitaille n'a jamais été un spécialiste étroit, mais un savant doté d'une vaste érudition et d'une capacité de pensée créative. Ses collègues de la communauté IRM calculaient la puissance rayonnée à l'aide d'un modèle simplifié qui prédisait une dépendance au carré de l'intensité du champ magnétique,[1] fixant évidemment une limite à une augmentation ambitieuse du champ magnétique. Cependant, l'émission d'ondes électromagnétiques était un problème théorique qui avait déjà été résolu par Max Planck en 1900 dans sa célèbre loi du rayonnement thermique. Robitaille s'est rappelé quelques faits de base de la thermodynamique que les experts du domaine semblaient rejeter. Avant 1900, les physiciens avaient également utilisé une loi, nommée d'après les physiciens britanniques John William Rayleigh et James Jeans, qui prédisait une augmentation quadratique de la puissance rayonnée avec la fréquence. Cependant, l'échec flagrant de leur loi à décrire les observations est rapidement devenu connu sous le nom de « catastrophe ultraviolette », car la lumière ultraviolette a des fréquences plus élevées.

Après avoir réfléchi au problème théorique pendant une période de temps significative, Planck a finalement deviné la formule correcte en 1900, qui prévoyait que la puissance émise diminuerait à nouveau à des fréquences plus élevées. Robitaille s'est souvenu de cette loi et a été le premier à se rendre compte que l'IRM aussi était un processus thermique régi par la loi de Planck. Un diagramme visualisant la loi de Planck est illustré à la figure 9, qui affiche l'augmentation presque quadratique du côté gauche (basses fréquences) et la diminution pour les fréquences plus élevées. Étonnamment (mais pas pour Robitaille), un appareil conçu avec un aimant de 8 tesla devrait fournir des résultats nettement

---

[1] Physiquement, *la densité de flux magnétique* serait plus correcte, mais nous nous en tiendrons à cette notion plus courante.

meilleurs que ce qui était disponible avec les systèmes 3-4 tesla existants à l'époque, tout en absorbant moins de rayonnement nocif.[1]

Après s'être convaincu de cette possibilité alléchante, il a travaillé jour et nuit pour réaliser la prochaine révolution de l'imagerie médicale. Le composant le plus coûteux et le plus difficile à produire était l'aimant qui produisait des champs dans cette gamme; seules quelques entreprises spécialisées avaient les capacités de le construire. Après quelques négociations intelligentes (personne ne pouvait garantir la quantité exacte d'intensité de champ nécessaire, il a donc proposé des paiements gradués pour chaque tesla d'intensité de champ atteint). Il a réussi à convaincre une petite entreprise britannique, Magnex Scientific, qui n'avait jamais rien construit au-dessus d'un aimant humain de 3 tesla/1 m, d'essayer de construire un aimant de 8 tesla/80 cm. Le risque a porté ses fruits à la fois pour Magnex et Robitaille. Ainsi Ohio State University s'est retrouvé avec le premier scanner IRM à champ ultra-élevé au monde. Bien sûr, il y avait bien d'autres difficultés à surmonter avant que ce projet visionnaire ne devienne finalement une réalité.

Jouer sa peau

Vous pouvez imaginer l'anticipation et l'attente du groupe de recherche le jour où l'aimant est arrivé. Après plusieurs semaines de préparation intense qui suivirent la livraison de l'aimant, le scanner était prêt à prendre des images. Bien sûr, des échantillons artificiels avaient été insérés dans l'instrument et des mesures minutieuses avaient révélé que les idées de Robitaille étaient justes. Pourtant, nous savions que même de simples bobines mal placées pouvaient causer des brûlures à l'intérieur du corps avec des scanners conventionnels et beaucoup plus faibles. Avec des perspectives aussi désastreuses, qui serait la première personne à être examinée grâce à ce puissant scanner d'imagerie ? Seul Robitaille, en tant que chef de projet, était libre de prendre le risque. Pourtant ce n'était que sa prédiction théorique que les intensités de champ étaient acceptables. Et si le scanner produisait des brûlures localisées à l'intérieur du cerveau ? Sans se laisser décourager, il a été la première personne à mettre sa tête à l'intérieur du scanner et a obtenu la première image UHFMRI le 25 mars 1998. Il ordonnait à son groupe d'augmenter lentement la puissance entrant dans sa tête pour aider à atténuer le danger. Pour

---

[1] Le lauréat du prix Nobel Paul Lauterbur a en effet travaillé sur le développement d'une machine 4 T et a abandonné, rejetant de manière compréhensible des intensités de champ encore plus élevées.

l'avancement de la science, Robitaille risquait sa vie. Il a littéralement mis sa peau en jeu[1] dans la même tradition des anciens architectes qui - volontairement ou non - dormaient sous leurs ponts nouvellement construits.

Figure 1. À gauche : Arrivée de l'aimant 8 T le 24 décembre 1997. À droite : Trois mois plus tard, Robitaille avec son scanner IRM (©Michael A. Foley, Tous droits réservés)

Avec le temps, il est devenu évident que les résultats à 8 tesla étaient spectaculaires. Ils ont suscité des commentaires enthousiastes[8] de la part du rédacteur en chef du Journal of Computer-Assisted Tomography. En particulier, les vaisseaux sanguins, qui n'avaient jamais été observés auparavant en détail dans la matière grise du cerveau, pouvaient être vus avec une clarté et une distinction sans précédent. L'une de ces images est affichée à la figure 2.

Images spectaculaires

Suite à cet exploit, Robitaille devenait une étoile brillante dans le domaine, même si certaines personnes lui en voulaient aussi d'avoir réussi l'impossible. Robitaille aurait pu continuer son œuvre;

---

[1]Voir aussi le livre éponyme de Nassim Taleb.

beaucoup de gens appréciaient son expertise. En fait, il ne serait pas exagéré de le considérer comme un candidat au prix Nobel. Aujourd'hui, il existe plus de 100 scanners de ce type dans le monde, fournissant quotidiennement des résultats cliniques et de recherche. Parallèlement, des projets jusqu'à 14 T sont en cours,[9] mais les formidables perspectives de ces scanners ne sont pas le résultat du processus « habituel » de mise à niveau et d'optimisation qui anime une grande partie de la science. C'est Robitaille qui a été le premier à surmonter le principal obstacle à l'obtention de forces de champ aussi élevées.

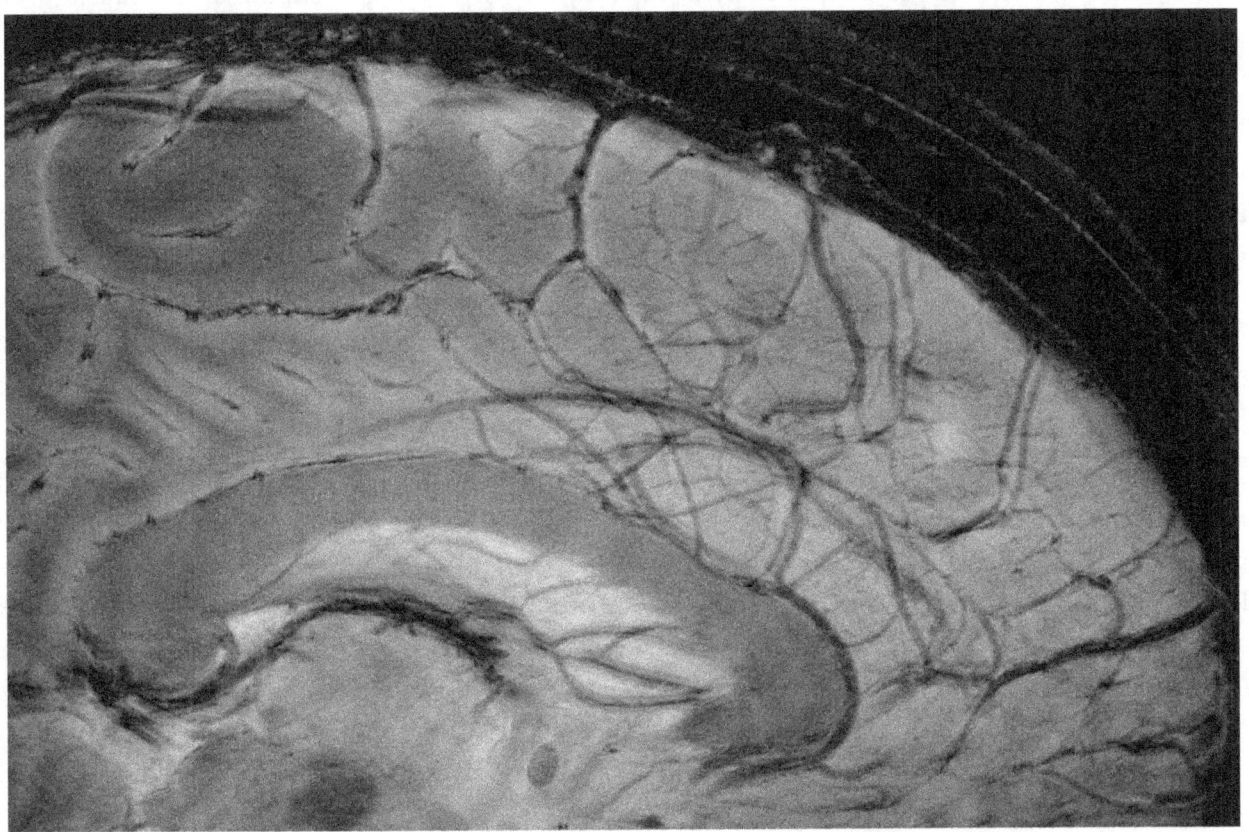

Figure 2. Une des premières images haute résolution du cerveau générées par UHFMRI.[10]

Il s'agit d'un numéro historique du Journal of Computer-Assisted Tomography. [...] les images humaines obtenues jusqu'ici sont aussi étonnantes [...] Robitaille et. coll. nous ont conduits à une nouvelle frontière dans l'imagerie RM clinique. – Allen Elster, rédacteur en chef

Ses chances d'obtenir le prix prestigieux auraient sûrement augmentées s'il avait continué à travailler sur l'IRM à champ ultra-élevé. Cependant, à l'époque, son étude de l'absorption et de l'émission de rayonnement dans les tissus majoritairement liquides du corps humain conduisait Robitaille à un problème de physique plus fondamental : le monde de Max Planck et le rayonnement thermique. En quelques semaines, il décidait de se concentrer sur le Soleil et sa physique.

Dans une entrevue en 2019, j'ai demandé à Robitaille s'il regrettait d'avoir quitté le domaine dans lequel il avait une carrière si prometteuse. En réponse, il m'avoua qu'il n'avait jamais prévu où il finirait et qu'il avait juste suivi la science. Ici, nous rencontrons une caractéristique qui pourrait servir de définition à un scientifique : la recherche de la vérité. Bruce G. Charlton, rédacteur de longue date de la revue *Medical Hypotheses*, décrit la crise actuelle de la science dans son livre *Not Even Trying*, qui s'adresse aux carriéristes actuels qui n'essaient même plus d'être véridiques. C'est certainement l'une des raisons pour lesquelles les non-conformistes créatifs ont du mal dans un système dominé par de puissants groupes d'intérêts.

Lorsque Robitaille s'interroge sur la loi de la thermodynamique qui l'a guidé vers sa découverte, il prend conscience d'un grave problème. La loi de Planck sur le rayonnement thermique elle-même est testée avec précision et hors de tout doute. Cependant, de nos jours, elle est appliquée à presque toutes les surfaces sur la base d'une loi encore plus ancienne du physicien allemand Gustav Kirchhoff, qui stipule que l'émission d'une cavité ne dépend que de la température et est indépendante de la nature du mur. Après un examen plus approfondi, Robitaille s'est plutôt rendu compte que la loi de Planck ne s'appliquait qu'à certains matériaux spécifiques. Et, plus important encore : la matière qui composait un Soleil gazeux n'était pas capable de produire le résultat de Planck. Les théories sur notre étoile, établies depuis plus d'un siècle, étaient problématiques.

Partie I.

Le problème : il y a quelque chose qui ne va pas avec la lumière du Soleil

Chapitre 1

À l'évidence : pourquoi le Soleil n'est pas un tube lumineux

> *« Si l'œil n'était pas semblable au soleil, il n'aurais jamais saisi le Soleil lui-même. »* - Johann Wolfgang von Goethe

Chaque couleur que nous percevons est également produite par le Soleil. Alors que le rayonnement de notre étoile d'origine semble incroyablement brillant, Isaac Newton a d'abord démontré avec un prisme que sa lumière peut être décomposée en un spectre de couleurs arc-en-ciel. Un siècle plus tard, l'astronome néerlandais Christiaan Huygens a déduit des phénomènes d'inflexion et d'interférence que la lumière avait une nature ondulatoire. Depuis lors, les physiciens ont appris que la longueur d'onde de la lumière visible s'étend de 400 nanomètres (nm, violet) à 800 nm (rouge).

Le fait que l'œil humain ait développé sa sensibilité exactement dans cette région, où le Soleil émet principalement, est une caractéristique tout à fait fascinante de l'évolution. Et il est difficile de ne pas être submergé par la beauté des couleurs de l'arc-en-ciel lorsque vous les voyez pour la première fois. Ce qui est fascinant, c'est que le spectre est continu – une transition en douceur de toutes les couleurs naturelles les unes dans les autres. Cependant, ici déjà nous rencontrons le problème : *pourquoi* le Soleil émet de la lumière de manière si continue ; nous ne l'avons probablement pas encore compris.

En 1676, l'astronome danois Ole Rømer mesurait pour la première fois la vitesse de la lumière (c=300 000 km/s). Il lui faut environ huit minutes pour atteindre la Terre depuis le Soleil, ce qui signifie que la lumière n'a besoin que d'un temps infime pour se propager sur la distance d'une longueur d'onde, ce qui correspond à une oscillation. Plus commodément, cette grandeur s'appelle la fréquence de la lumière, c'est-à-dire le nombre d'oscillations par seconde. Les physiciens ne font donc généralement aucune différence dans la relation entre la couleur et la longueur d'onde λ ou la fréquence f. Les deux quantités sont liées par la formule simple $c = \lambda \cdot f$.

Figure 3. Isaac Newton et l'une de ses découvertes légendaires : la composition spectrale de la lumière solaire

Tout au long de l'histoire de la physique, l'étude de la lumière a été une question centrale pour les chercheurs qui a inspiré l'utilisation de nouvelles technologies et de la physique fondamentale avancée. Dans les années 1870, le physicien suédois Anders Jonas Ångström[1] a expérimenté avec l'hydrogène, l'atome le plus simple de l'univers composé d'un seul proton et d'un seul électron. En mettant de l'hydrogène dans un tube à décharge électrique et en analysant la lumière émise, il a découvert que

---

[1] En son honneur, l'unité des échelles de longueur atomique 1 Ångström = 10^{-10} m ou 0,1 nm a été introduite.

l'hydrogène avait un spectre caractéristique : seule la lumière de longueurs d'onde très distinctes, 656 nm, 487 nm, 434 nm et 410 nm, était visible. Je ne sais pas quelle réalisation est la plus admirable : l'atteinte de ce niveau de précision ou la simple découverte que la substance la plus simple de l'univers contient un spectre discret de nombres apparemment inexplicables. Bien sûr, personne à l'époque ne pouvait savoir que le Soleil était presque entièrement composé d'hydrogène. Des décennies de recherche ont suivi, au cours desquelles les physiciens ont lutté pour démêler les lois de la nature dans le microcosme. Pourtant, une chose est déjà claire ici : pour comprendre notre étoile, nous devons d'abord comprendre les atomes.

Le chuchoteur d'atomes de Zurich

Une contribution décisive à la compréhension des raies spectrales de l'hydrogène a été apportée par le professeur de mathématiques suisse Johann Jakob Balmer en 1885. Balmer ne pouvait pas croire que les mesures ci-dessus étaient des nombres donnés par Dieu et soupçonnait une relation mathématique cachée entre elles. Aux fins de ce livre, nous ne pouvons pas suivre les détails de la façon dont il a réfléchi à la question pendant des années,[11] mais nous pouvons observer le génie de l'intuition si nous regardons comment ces nombres sont produits en suivant une simple loi mathématique :

$$\frac{1}{656,3\,nm} = R\left(\frac{1}{2^2} - \frac{1}{3^2}\right), \quad \frac{1}{486,1\,nm} = R\left(\frac{1}{2^2} - \frac{1}{4^2}\right),$$

$$\frac{1}{434,0\,nm} = R\left(\frac{1}{2^2} - \frac{1}{5^2}\right), \quad \frac{1}{410,2\,nm} = R\left(\frac{1}{2^2} - \frac{1}{6^2}\right),$$

réduisant la complexité de plusieurs nombres à une seule constante R, appelée constante de Rydberg.[I] La formule de Balmer s'avérerait correcte pour des longueurs d'onde plus petites et plus grandes, mais l'ingrédient essentiel ici est l'apparition d'un carré au dénominateur. En se concentrant à nouveau sur la situation dans son ensemble et en avançant rapidement dans l'histoire, ce carré est lié au fait que

---

[I] R a la valeur numérique $1.0977 \cdot 10^7$ 1/m, une longueur inverse. R a été découvert plus tard par Niels Bohr comme étant composé d'autres constantes de la nature.

l'attraction électrique entre un proton et un électron suit une loi dite du carré inverse (lorsqu'on nous doublons la distance, la force diminue à un quart de sa valeur d'origine).

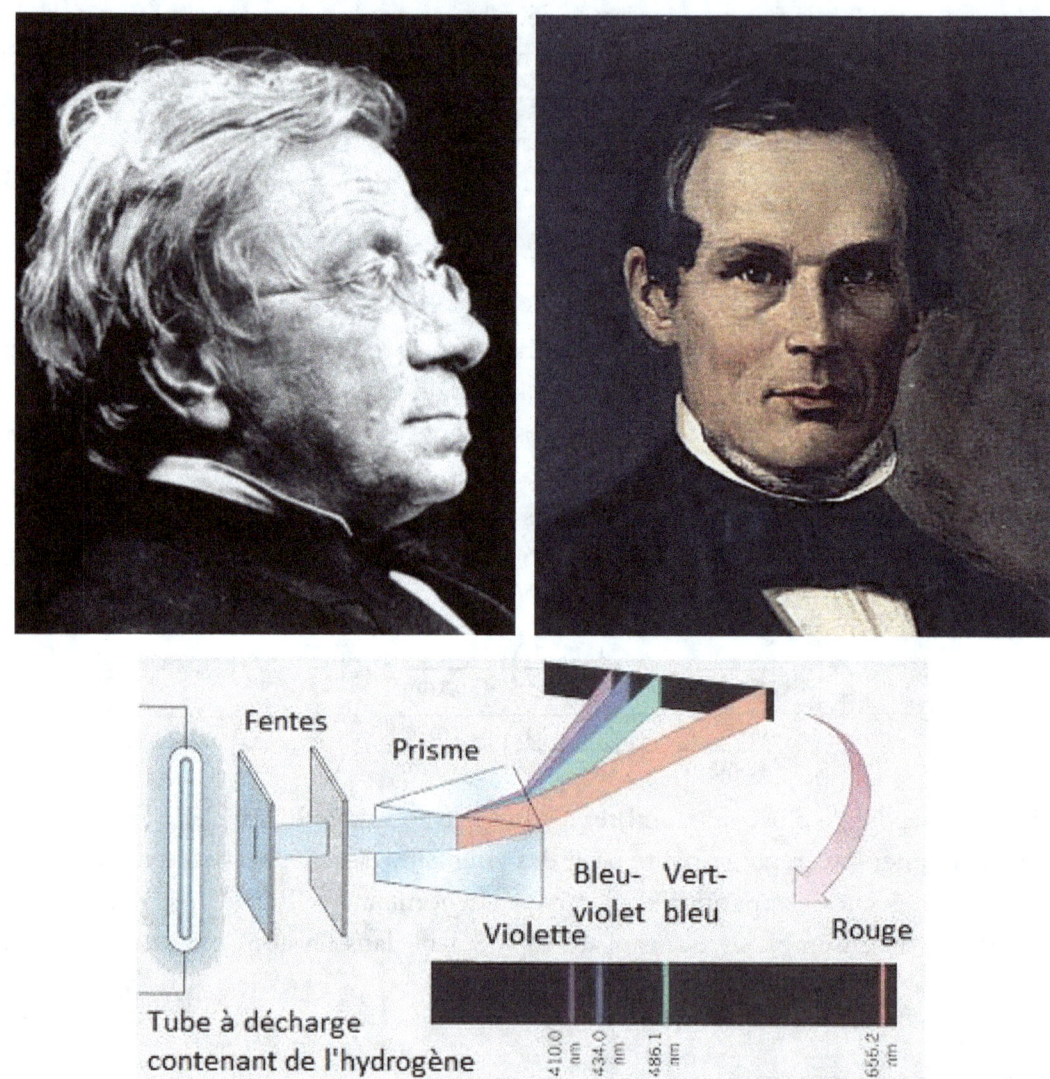

Figure 4. Johann Jakob Balmer, Anders Jonas Ångström et leurs découvertes

Cette harmonie intrigante avec la loi de la gravitation de Newton (bien que ces deux lois fondamentales ne soient pas unifiées à ce jour) a incité les chercheurs à considérer les atomes comme de minuscules systèmes planétaires, où les électrons orbitent autour du noyau d'une manière analogue à celle des planètes en orbite autour du Soleil. Cette image a énormément excité les physiciens au début du siècle dernier.

La révolution de Planck, complétée par Einstein

Au cours de la période particulièrement productive du début du XXe siècle, de nombreuses idées spectaculaires ont cependant émergées. En 1900, Max Planck découvrait sa loi du rayonnement thermique, celle dont nous détaillerons les conséquences dans le chapitre suivant. D'abord mal appréciée par Planck lui-même, sa loi contenait une constante de la nature qui devait révolutionner la physique : le quantum d'action h, du nom de Planck, bien que ce soit Albert Einstein qui en ait révélé la propriété la plus importante. Une onde lumineuse contient évidemment de l'énergie, mais pour un caprice inconnu de la nature, cette énergie ne pourrait être prélevée que dans des portions E, appelées quanta, qui dépendent de la fréquence de la lumière, f, où E = hf.

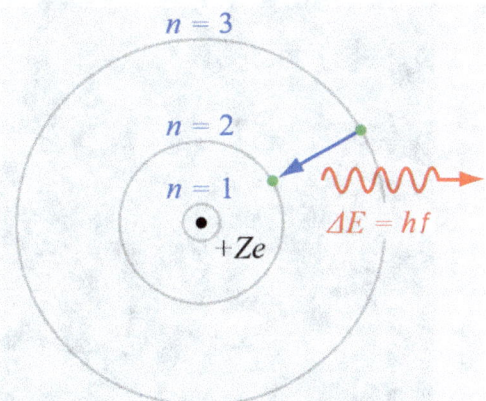

Figure 5. Image schématique des niveaux d'énergie dans l'atome et visualisation d'un saut d'électron d'une couche à une couche inférieure, émettant de la lumière

Ironiquement, Planck a continué à douter de son interprétation jusqu'à ce qu'Einstein reçoive le prix Nobel en 1921 pour exactement la même chose. En tout cas, E=hf est l'une des formules les plus importantes de la physique et jette une lumière nouvelle sur les découvertes de Balmer concernant l'atome d'hydrogène. La fréquence bien déterminée signifie que la lumière transporte une quantité précise d'énergie, suggérant que les électrons sont « tombés » à une distance exacte vers le noyau, transformant ainsi leur énergie potentielle en un quantum de lumière. Nous savons aujourd'hui que c'est bien le cas et chaque étudiant peut relier la fréquence de la lumière à un certain saut d'un électron d'une couche à une autre.

Le problème, cependant, était de savoir pourquoi de telles coquilles devraient exister dans les atomes tout d'abord. Il semblait que si les planètes pouvaient voler n'importe où dans le système solaire[12], les électrons ne pouvaient survivre qu'à certaines distances du noyau. Il n'y avait aucune raison pour un comportement aussi étrange et cela s'est avéré être le véritable mystère derrière les raies spectrales distinctes que Balmer a observées en 1885.

Figure 6. Einstein a reçu la médaille Max Planck de Planck en 1921, la même année où il a remporté le prix Nobel.

La percée avec le modèle de Bohr

Un autre génie était nécessaire pour résoudre ce problème : le physicien danois Niels Bohr, un grand maître de la pensée intuitive. Bohr s'est rendu compte que la mystérieuse constante h trouvée par Planck et interprétée par Einstein portait les unités physiques d'un moment cinétique. En jouant avec le modèle « planétaire » de l'atome et en considérant les étranges unités physiques de h (kg m^2/s), il découvrit[1] que les orbites inexplicablement discrètes de l'électron portaient toutes des multiples du moment cinétique h. C'était énorme. Cela signifiait qu'il n'y avait qu'un nombre distinct d'orbites autorisées (les chimistes les appellent des coquilles) avec une énergie bien définie. Par conséquent, les électrons sautant d'une couche à l'autre libèrent une quantité calculable d'énergie qui se manifeste sous la forme d'un photon avec une longueur d'onde discrète. Bohr avait expliqué l'un des plus grands mystères de l'époque.

Encore une fois, nous devons contourner la plupart des répercussions supplémentaires que le quantum d'action a causées pour la physique fondamentale. Le modèle d'électrons en orbite de Bohr était très bien décrit par les observations, mais il n'était pas satisfaisant d'un point de vue théorique. Comme nous l'apprendrons au chapitre suivant, les électrons se déplaçant dans cette matière, selon les équations électrodynamiques de Maxwell, devraient émettre de l'énergie avant de finalement s'effondrer dans le noyau. Ce problème a été surmonté par Werner Heisenberg et Erwin Schrödinger, qui ont sauvé le modèle de Bohr au milieu des années 1920 en supprimant dans une large mesure les problèmes théoriques, même s'ils n'étaient pas totalement satisfaits de la solution. La mécanique quantique de Schrödinger, basée sur les découvertes antérieures de Louis Victor de Broglie sur la nature ondulatoire de la matière, traitait les électrons comme des ondes plutôt que des particules - une contradiction apparente qui a presque rendu fous les principaux physiciens de l'époque. Schrödinger s'est particulièrement plaint des « sauts » d'électrons dans le modèle de Bohr et a déclaré qu'il aurait préféré devenir charpentier ou cordonnier plutôt que physicien si cela s'avérait vrai.

Plus grave encore, il semblait n'y avoir aucune possibilité de calculer le moment auquel l'électron décidait d'effectuer le saut, et comme dans le cas de la radioactivité, la nature semblait se comporter

---

[1] Par souci d'équité historique, il convient de mentionner que le mathématicien britannique John William Nicholson a également envisagé cette idée, bien qu'il n'en ait pas saisi toutes les conséquences (Kumar 2009, loc. 1904).

de manière aléatoire. Einstein était particulièrement mécontent d'une telle interprétation, comme en témoigne son objection souvent citée : « Dieu ne joue pas aux dés ». Tous ces problèmes conceptuels et bien d'autres que les physiciens étaient incapables d'expliquer depuis lors à partir des premiers principes sont liés à la mystérieuse constante de la nature h. Loin de pouvoir expliquer sa minuscule valeur numérique, même la raison de l'existence de h est inconnue. Une chose est cependant sûre : h fait que les atomes émettent de la lumière à des fréquences distinctes, correspondant aux lignes nettes observées par Ångström il y a 150 ans.

En ce qui concerne le Soleil, de nombreuses autres découvertes de physique fondamentale doivent être racontées et de nombreux détails doivent être abordés. Cependant, ici, une partie importante de la preuve d'un Soleil liquide est déjà devenue visible. Si le Soleil était constitué d'hydrogène gazeux du type observé par Balmer, il émettrait sa lumière dans des longueurs d'onde distinctes comme un tube lumineux, la tige lumineuse qui économisait autrefois de l'énergie avant que les diodes électroluminescentes ne prennent le relais. Puisque la lumière du Soleil contient évidemment toutes les fréquences de l'arc-en-ciel, elle ne peut pas être émise par un gaz de ce type. Je prends délibérément le risque d'être accusé de simplification excessive, et bien sûr, il y a beaucoup à discuter sur la façon dont le Soleil émet de la lumière, sans parler des modèles trop compliqués de sa description, que nous aborderons au chapitre 3. Pourtant, un regard sobre sur ce que nous envoie notre étoile révèle clairement que le Soleil n'est pas un tube lumineux de gaz. C'est aussi simple que cela.

Comprendre les atomes

En pratique, il existe de nombreux effets qui brouillent la précision des lignes émises à l'origine. Nous devons vérifier soigneusement si l'un d'entre eux est capable de générer un spectre continu tel que celui d'un arc-en-ciel, même si la lumière ne contenait initialement que quelques lignes distinctes. Ces raies ont été bien étudiées, puisque les physiciens, dans d'autres contextes, ont entrepris de grands efforts pour éviter les décalages des longueurs d'onde. Par exemple, pour faire fonctionner des horloges atomiques précises, il faut mesurer la lumière émise par les atomes avec le moins de perturbations possibles.

Un désagrément évident est ce que nous appelons l'effet Doppler. Le son d'une ambulance, mais aussi celui d'une voiture, est modifié par sa vitesse : si la voiture s'approche, la fréquence du son devient plus élevée, tandis que nous entendons une fréquence plus basse lorsqu'un véhicule s'éloigne de nous. Un effet analogue modifie la fréquence lumineuse émise par un atome. Puisque nous connaissons bien le rayonnement caractéristique de certains atomes, même les vitesses d'étoiles ou de galaxies lointaines peuvent être calculées à partir de leur décalage Doppler. D'autre part, tout mouvement dans un ensemble d'atomes perturbe la mesure précise, ce qui signifie que les raies caractéristiques du spectre s'élargissent. Puisque la chaleur n'est rien d'autre que l'énergie contenue dans le mouvement au niveau microscopique, les températures élevées provoquent un élargissement des raies spectrales, qui à leur tour peuvent être utilisées pour déterminer la température. La détermination exacte des fréquences atomiques, en revanche, n'est possible qu'avec des atomes très froids, pour lesquels un sport de haute technologie visant des températures de plus en plus basses a évolué en physique. Le record mondial actuel[I] se situe dans la gamme des nanokelvins, quelque 10^{-9} degrés au-dessus du zéro absolu.[II]

Bien que la température de la surface du Soleil, autour de 5 800 K, ruinerait certainement toute mesure de précision, elle ne provoque pas d'élargissement significatif du spectre de l'hydrogène dans le sens où elle altérerait sa structure linéaire. Concrètement, une raie spectrale verte d'environ 500 nm montrerait simplement une largeur de 0,02 nm, totalement indiscernable pour l'œil humain. Des arguments semblables s'appliquent à ce que nous appelons l'élargissement de pression des raies spectrales. Plus un gaz est dense, plus les atomes se heurtent à une température donnée. Chaque collision provoque un changement de vitesse qui se traduit par un élargissement de la ligne en raison du mécanisme ci-dessus. La faible densité et la pression supposées par le modèle solaire standard n'exercent qu'un effet négligeable sur la longueur d'onde ; nous discuterons cependant plus tard des preuves d'une densité beaucoup plus grande de la photosphère, la région d'où la lumière est émise. Bref : la surface du Soleil.

[I] Ceci a été réalisé avec des lasers. Pour les découvertes révolutionnaires de ce domaine, appelé optique quantique, des prix Nobel ont été décernés en 1997 et 2005.

[II] Le zéro absolu ou 0 K (Kelvin), correspondant à -273 °C indique la limite inférieure théorique de température, où toutes les particules sont au repos. Aucune température inférieure n'est possible.

Que se passe-t-il à la surface du Soleil ?

Jusqu'à présent, nous avons parlé d'atomes individuels. Dans des conditions normales, cependant – nous reviendrons plus en détail plus tard – les atomes d'hydrogène préfèrent vivre par paires, appelées molécules, H_2. C'est une conséquence de l'étrange nature ondulatoire des électrons découverte par Broglie et Schrödinger que ceux-ci se regroupent facilement en paires. Ainsi, énergétiquement, il est préférable que deux noyaux (protons) gardent une telle paire d'électrons à leur voisinage, formant une molécule, plutôt que chaque proton garde son propre électron. Le gain de cette unification, appelée énergie de liaison, est considérable et s'élève à 4,74 électrons-volts (contre les 13,6 électrons-volts nécessaires pour arracher l'électron à l'atome d'hydrogène). Bien que cela devienne important plus tard, il est crucial de savoir que cette transformation d'une molécule ne change pas la façon dont la lumière est émise par principe. Bien que la situation soit plus compliquée, les électrons sont toujours contraints à des niveaux d'énergie bien définis et les sauts correspondants vers des niveaux inférieurs conduisent à l'émission de quanta de lumière de fréquences distinctes. Ainsi, le spectre de l'hydrogène moléculaire est légèrement différent du spectre atomique et il conserve une forme discrète et non continue. Aucune couleur arc-en-ciel ne peut être générée ici non plus.

Il est cependant intéressant de considérer l'interaction de l'hydrogène atomique et moléculaire à des températures plus élevées. L'état moléculaire a moins d'énergie et est donc préféré. Cependant, le mouvement global des molécules imposé par une température élevée peut être si rapide que la collision moyenne entre elles provoque à nouveau la séparation de ces molécules en atomes. Les atomes uniques, en revanche, se recombinent en molécules et libèrent de l'énergie cinétique, amenant l'ensemble dans un état d'équilibre dans lequel, en fonction de la température, un petit pourcentage d'atomes est séparé, tandis que la majorité vit à l'état moléculaire. Plus la température est élevée, plus l'ensemble préfère l'état atomique. Au tournant du siècle précédent, le physicien américain Josiah Willard Gibbs a développé une formule qui quantifie ce comportement intuitivement évident.[1] Si nous calculons ce pourcentage en supposant que la température de la surface du Soleil est de 5 800 K, il s'avère qu'en moyenne, une seule molécule sur environ 13 000 est séparée en atomes. Bien que très élevée pour notre perception humaine, la température de la surface du Soleil apparaît presque

---

[1] Aussi appelé facteur de Gibbs ou facteur de Boltzmann $\exp(-E/kT)$, k étant la constante de Boltzmann.

négligeable à travers le prisme de la physique atomique. Ainsi, il n'y a pas de mécanisme évident qui expliquerait comment un élargissement des raies d'émission discrètes des atomes ferait percevoir un spectre continu.

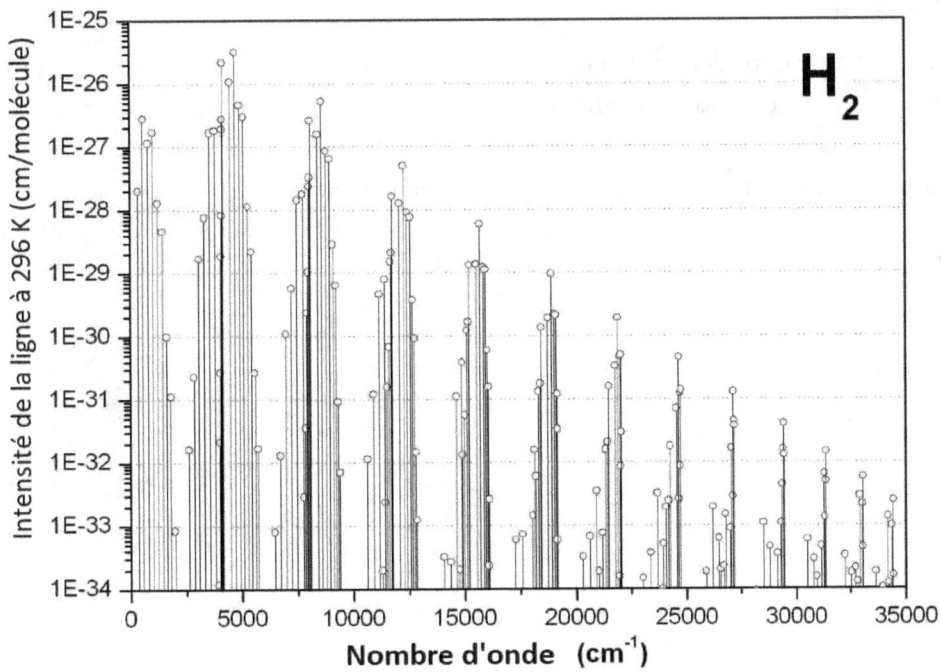

Figure 7. Spectre de la molécule H_2 jusqu'au nombre d'onde 35 000 cm^{-1}, ce qui correspond à une longueur d'onde (minimale) de 286 nm. Les lignes discrètes sont visibles.

La chaleur et la société des atomes

Néanmoins, il est intéressant de jouer avec la formule de Gibbs et de voir ce qui serait théoriquement possible à des températures plus élevées. À des températures très élevées, même un seul atome se déplace si violemment qu'une collision arracherait l'électron de son proton, dissolvant tout dans ce que nous appelons un plasma. Étant donné que l'énergie de liaison d'un électron et d'un proton est bien connue pour être de 13,6 eV, le même calcul que précédemment peut être fait, donnant un résultat encore plus déprimant : un seul des mille milliards d'atomes est dissous à la température relativement modeste de 5 800 K. Nous pouvons cependant formuler le même fait d'une autre manière : ce n'est qu'à la très haute température de 157 000 K que le pourcentage d'électrons arrachés à leur noyau devient si important que nous pouvons raisonnablement parler de plasma. Cela deviendra important plus tard.

Le lecteur s'est peut-être demandé comment la température de surface du Soleil est mesurée – ce qui est abordé dans le chapitre suivant. Cependant, une chose est déjà claire : si nous imaginons naïvement une surface d'hydrogène gazeux à 5 800 K, quelles que soient les conditions physiques supplémentaires, il est impossible que cet hydrogène produise un spectre lumineux continu. Au contraire, nous verrions un gigantesque tube lumineux avec des couleurs pour la plupart discrètes dans le ciel ; il n'y aurait pas de belles couleurs arc-en-ciel.

Chapitre 2

Le spectre du corps noir :

Ce qu'une ampoule et le Soleil ont en commun

Une compréhension approfondie du Soleil se résume à la question suivante : comment la lumière est-elle générée ? Nous avons déjà jeté un coup d'œil sur la physique atomique dans le dernier chapitre, mais une découverte révolutionnaire qui a révélé la nature de la lumière avait été faite bien plus tôt. En 1857, les physiciens allemands Kirchhoff et Weber ont découvert pour la première fois qu'il existait une relation entre les constantes physiques ε_0 et μ_0 qui déterminent la force de l'électricité et du magnétisme d'une part et la vitesse de la lumière, c, d'autre part. En 1886, Heinrich Hertz de l'Université de Karlsruhe confirmait de façon spectaculaire que la vitesse de la lumière correspondait bien à la quantité prédite par la célèbre formule $\varepsilon_0 \mu_0 = 1/c^2$. Cela corroborait non seulement la théorie de l'électrodynamique de James Clerk Maxwell, mais marquait également l'unification des phénomènes électromagnétiques et optiques qui allait révolutionner la civilisation humaine.

La lumière n'est rien de plus qu'une onde électromagnétique constituée de champs générés par des charges électriques en mouvement. Ces ondes se propagent dans l'espace vide. Cependant, comme une vitesse constante ne peut être ressentie par aucune expérience physique, des charges se déplaçant uniformément ne peuvent pas émettre d'ondes. C'est d'ailleurs le principe sur lequel Einstein a fondé sa théorie restreinte de la relativité en 1905.[13] Ainsi, plutôt que la vitesse, l'accélération des charges est responsable de l'émission des ondes. Nous pouvons imaginer qu'un électron qui saute d'une coquille atomique à une autre subit d'énormes accélérations au cours de ce processus d'émission de lumière, bien que cette image intuitive ne soit pas tout à fait appropriée. Un autre exemple important pour l'application est celui des rayons X. Nous pouvons produire ces ondes énergétiques à haute fréquence en faisant s'écraser des électrons rapides dans un métal, provoquant des accélérations très élevées (négatives). Chose intéressante, il n'y a pas de formule générale en physique qui permette le calcul du rayonnement émis pour des accélérations arbitraires.[14] Ce n'est que dans certains cas particuliers qu'une prédiction précise est possible. Il est clair, cependant, que les charges accélérées doivent émettre des ondes.

Quelque chose doit osciller

Un exemple bien connu est la soi-disante antenne dipôle de Hertz, une simple antenne qui émet des ondes exactement le double de sa taille. C'est largement analogue à l'oscillation d'une corde dans un instrument de musique, sauf que les ondes électromagnétiques se déplacent à la vitesse de la lumière et non à la vitesse du son. La longueur d'onde dépend uniquement de la taille, et bien qu'il y ait une certaine simplification excessive dans cette image, nous pouvons considérer l'émission de lignes discrètes par les atomes comme une conséquence de leur uniformité. En fait, les différentes fréquences distinctes produites par un type d'atome donné sont analogues à l'ensemble discret d'oscillations mécaniques qu'un corps rigide peut subir.

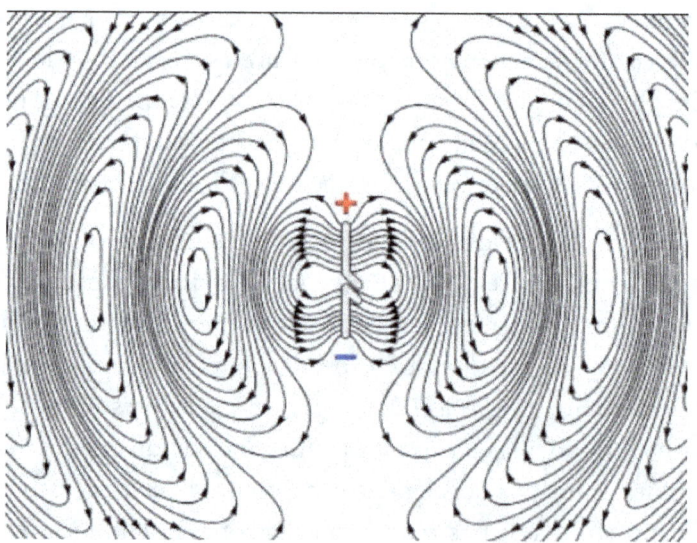

Figure 8. Image schématique d'un dipôle Hertz où la longueur d'onde émise λ est en fonction de la taille de l'antenne, typiquement L = λ/2.

D'autre part, si nous n'avons pas besoin d'une longueur d'onde spécifique, le moyen le plus simple de générer un rayonnement électromagnétique est la chaleur. N'étant rien d'autre qu'un mouvement microscopique, la température n'est qu'une mesure de l'agitation des charges électriques d'un corps. Évidemment, plus la température est élevée, plus les accélérations sont violentes, et par conséquent, plus la fréquence est élevée, ce qui augmente également la quantité totale de rayonnement.

Au cours de la deuxième révolution industrielle, il y avait beaucoup d'intérêt à savoir comment exactement la chaleur génère l'émission d'ondes électromagnétiques. C'était d'une grande importance pratique. Thomas Alva Edison avait perfectionné l'ampoule peu de temps auparavant, et bien sûr, les physiciens théoriciens considéraient cette invention comme un problème digne d'investigation. Le changement évident vers des fréquences plus élevées et des longueurs d'onde plus petites lorsque la température augmente a été exprimé dans une règle trouvée par le physicien allemand Wilhelm Wien,[15] tandis que la quantité de rayonnement produite à l'extrémité inférieure du spectre suivait la loi empirique trouvée par les physiciens britanniques Rayleigh et Jeans.[16]

L'unification de Planck

Il était clair que les deux lois ne pouvaient pas être vraies en général, et Max Planck, doté d'une formation mathématique appropriée et guidé par les expériences de ses collègues Rubens et Kurlbaum,[17] a ingénieusement deviné la bonne formule. Il avait compris que les anciennes lois représentaient une approximation de la fonction exponentielle apparaissant dans la vraie loi du rayonnement, qui porte le nom de Planck. C'est la généralité de cette unification pour laquelle il est devenu célèbre.

Comme nous pouvons le voir, la loi de Planck ne dépend que des constantes de la nature et de la température, pas des propriétés du matériau émettant le rayonnement. Il est donc clair qu'elle ne peut retenir de manière précise qu'un matériau idéalisé qui n'a, pour ainsi dire, aucune préférence pour des antennes d'une certaine taille. Nous supposons plutôt qu'un tel matériau idéal peut fournir des états oscillatoires de n'importe quelle fréquence de manière égale. Il est évident que seul un corps étendu et macroscopique peut répondre à ces exigences. Des antennes de taille arbitraire pouvant supporter des oscillations de n'importe quelle fréquence sont nécessaires.

Un tel matériau est appelé corps noir, rappelant qu'un tel corps doit apparaître noir puisqu'il absorbe et émet toutes les longueurs d'onde de la même manière. Si nous voulons faire une analogie avec la musique, un atome peut être vu comme un instrument de musique qui, caractérisé par sa taille et sa forme géométrique, peut produire des sons de fréquences bien définies. L'émission du corps noir, quant à elle, correspondrait au bruissement de la mer produit par des vagues non coordonnées.[1]

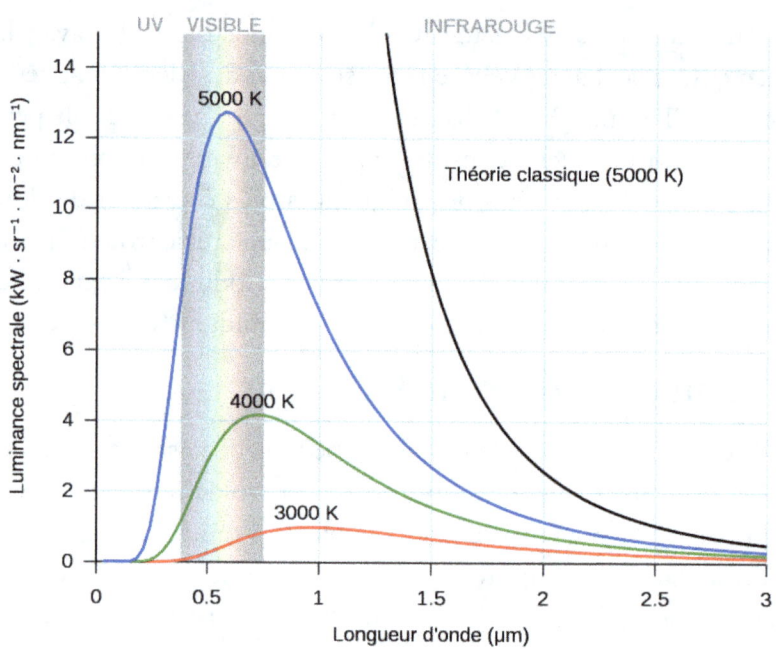

$$S(T, \lambda) = \frac{2\pi h c^2}{\lambda^5} \frac{1}{exp\left(\frac{hc}{\lambda kT}\right) - 1}$$

Figure 9. Loi de Planck sur le rayonnement thermique, écrite en fonction de la longueur d'onde λ. La courbe affiche la quantité de puissance rayonnée (énergie par temps) par intervalle de longueur d'onde Δλ. Plus la température K est élevée, plus λ est petit, tandis que la quantité globale de puissance rayonnée augmente considérablement.

---

[1] Il existe de belles illustrations audios du bruit sur toutes les longueurs d'onde qui est analogue au rayonnement du corps noir : https://en.wikipedia.org/wiki/Colors_of_noise.

Comme nous le savons, toute perception de couleur est liée à l'absorption et à l'émission prédominantes de longueurs d'onde spécifiques du spectre. En théorie, un tel matériau devrait non seulement traiter de la même manière toutes les longueurs d'onde visibles à l'œil humain, mais tout le spectre électromagnétique qui couvre de nombreux ordres de grandeur, des ondes radio (kilomètres) aux rayons gamma (10^{-15} mètres). En fait, un tel matériau n'existe pas, mais en se limitant à la partie visible, le graphite et la suie sont assez proches d'un corps noir idéal. Incidemment, jusqu'aux années 1920, nous croyions que ces substances étaient présentes dans la photosphère, la région émettant de la lumière que nous percevons comme la surface du Soleil.

L'accord expérimental avec la loi de Planck est impressionnant. Pour des applications techniques telles que l'ampoule électrique, le tungstène, un métal dont la température de fusion est la plus élevée de tous les éléments chimiques, est utilisé. Dans une ampoule, le tungstène est chauffé à une température d'environ 2 600 °C et émet en effet un spectre continu en bon accord avec ce qui est prédit par la formule de Planck. Les chercheurs ont aujourd'hui inventé des matériaux plus sophistiqués, tels que des nanotubes en carbone, pour produire un spectre de corps noir.

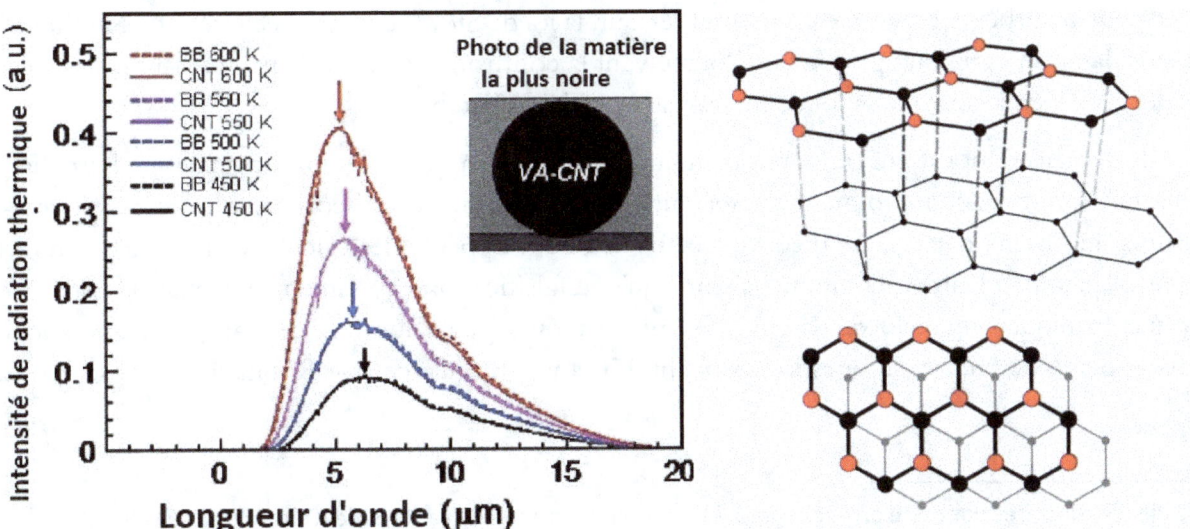

Figure 10. À gauche : émission mesurée à partir de nanotubes alignés verticalement (VA-CNT), un matériau qui est presque un corps noir parfait. À droite : réseau de graphite

Révolution scientifique cachant un petit défaut

L'importance historique de la loi de Planck vient du fait qu'elle a introduit la première la constante de la nature h qui a révolutionné le domaine de la physique. Ainsi, il n'y a pas la moindre suggestion ici pour diminuer sa validité ou son importance. Le problème avec la loi du rayonnement est qu'elle est fréquemment appliquée à des situations où les exigences strictes d'un corps noir ne sont pas remplies. Le principal coupable de cette application injustifiée est Gustav Kirchhoff, le génie qui a co-découvert la nature de la lumière (et de nombreuses autres physiques importantes). Malheureusement, en 1860, Kirchhoff s'est convaincu que le rayonnement émis par la chaleur était indépendant de la nature du mur.[18] De plus, il a émis l'hypothèse qu'une cavité d'une température donnée, quel que soit le matériau de ses parois, émettrait toujours un rayonnement de corps noir. Il y a un défaut fatal caché dans la preuve de cet énoncé, comme Robitaille l'a montré à travers des contre-exemples évidents.[19] Pourtant une telle cavité allait devenir un concept important pour les modèles théoriques.[1] Au lieu de la loi de Kirchhoff, pour tout matériau, les coefficients d'émission et d'absorption sont égaux. Ce principe s'appelle la loi d'émission thermique de Stewart,[20] simplement parce que n'importe quelle antenne peut absorber et émettre également. Bien sûr, la loi de Stewart, comparée à celle de Kirchhoff, est une déclaration beaucoup plus faible. Poursuivant la confusion entre les deux, ignorant les sources originales, Wikipedia confond la loi de Stewart avec celle de Kirchhoff.[21]

Le plus déconcertant est qu'il n'y a pas la moindre preuve à l'appui de la loi (originale) de Kirchhoff et nous nous demandons comment un tel mirage de raisonnement théorique a pu survivre aussi longtemps. La thermodynamique théorique étant peu développée et les calculs fastidieux, Kirchhoff n'est pas beaucoup à blâmer, notamment parce qu'une falsification expérimentale n'était pas possible à l'époque. Ironiquement, la loi de Kirchhoff semblait avoir si peu d'importance pratique que personne n'a pris la peine de creuser la question pendant 150 ans - jusqu'à ce que Robitaille propose que la

---

[1] Même Planck, "inspiré" par cette erreur, a donné une preuve erronée de sa formule (Détails dans PM Robitaille 2015). Le problème (que Planck a tenté d'éliminer à tort) est que le côté gauche de son équation n'est pas seulement une fonction de la fréquence et de la température, mais dépend du matériau. Tout cela n'affecte cependant pas l'importance de la découverte de Planck.

résonance magnétique nucléaire soit un processus thermique qu'il devait analyser afin de ne pas faire frire le cerveau de son patient.

Bien que le défaut dans la loi de Kirchhoff ne soit même pas pertinent pour la loi de rayonnement de Planck, Planck s'est également appuyé sur Kirchhoff pour essayer de prouver son propre théorème. Pour les matériaux qui répondent aux exigences d'un corps noir (disons même, pour une gamme limitée de longueurs d'onde), la loi de Planck a été vérifiée de manière impressionnante. C'est juste que la loi de Kirchhoff suggère une applicabilité beaucoup plus large que ce qui est justifié. Le problème épistémologique ici est que la loi de Planck, bien que pas vraiment basée sur elle, a crédibilisé Kirchhoff, tandis que la loi de Kirchhoff a ouvert la porte à de nombreuses applications de la loi de Planck qui sont tout simplement invalides.

Les applications injustifiées passent inaperçues

Les exemples les plus frappants qui réfutent la loi de Kirchhoff sont les gaz. Un gaz est, par définition, un ensemble d'atomes (ou de molécules) uniques et indépendants qui agissent comme de petites antennes avec des fréquences distinctes. Même si un gaz est ionisé (les électrons sont retirés de l'atome/molécule) ou dans un état très dense qui provoque des collisions, il n'y a tout simplement aucun moyen de produire les longueurs d'onde arbitraires d'un corps noir. Ainsi, dès le départ, il est clair que les gaz n'obéiront jamais ni aux lois de Kirchhoff ni à celles de Planck. Mais qui sait ? Pouvons-nous faire confiance à la théorie ? [22]

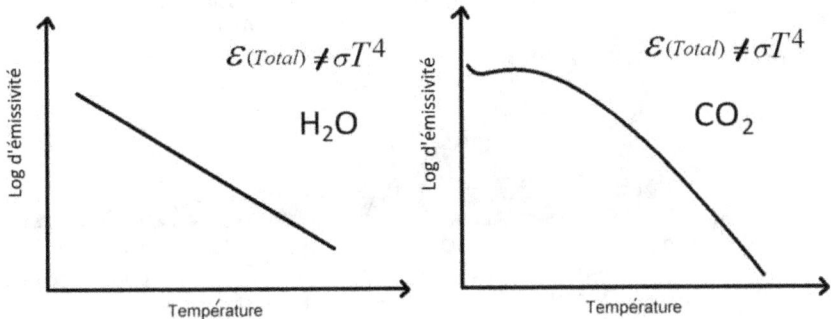

Figure 11. Émissivité schématique du dioxyde de carbone (CO_2) et de l'eau (H_2O) : tous deux clairement pas des corps noirs.

Hélas, pour couronner le tout, il n'y a même pas la moindre preuve expérimentale qu'un gaz puisse se comporter comme un corps noir, qu'il soit ou non sous la forme ionisée d'un plasma. Tous les manuels d'ingénierie - dont ont besoin les gens qui veulent faire fonctionner des choses réelles - montrent que les spectres des gaz sont caractéristiques comme les empreintes digitales mais n'émettent jamais comme les corps noirs. Bien entendu, cela vaut également pour l'absorption, comme le montre la figure 11.

Ainsi, tout le discours sur les gaz rayonnant en tant que des corps noirs s'avèrent être un mirage, à la fois dans l'expérience et la théorie. Nous pourrions penser que j'exagère en énonçant ici une évidence. Il y a juste un gros problème : nous pensons que le Soleil est gazeux, une idée qui est apparue dans les années 1860 et qui a été acceptée au début du 20e siècle.[23] Sans ambiguïté et sans contestation, le Soleil émet de la lumière comme le fait un corps noir. Cependant, si la loi de Kirchhoff est défectueuse, la merveilleuse formule de Planck ne peut tout simplement pas lui être appliquée. Si le Soleil était un gaz, il ne pourrait pas émettre la lumière solaire que nous observons. Cela va à l'encontre de toutes les preuves disponibles. La figure 12 montre le spectre du Soleil:

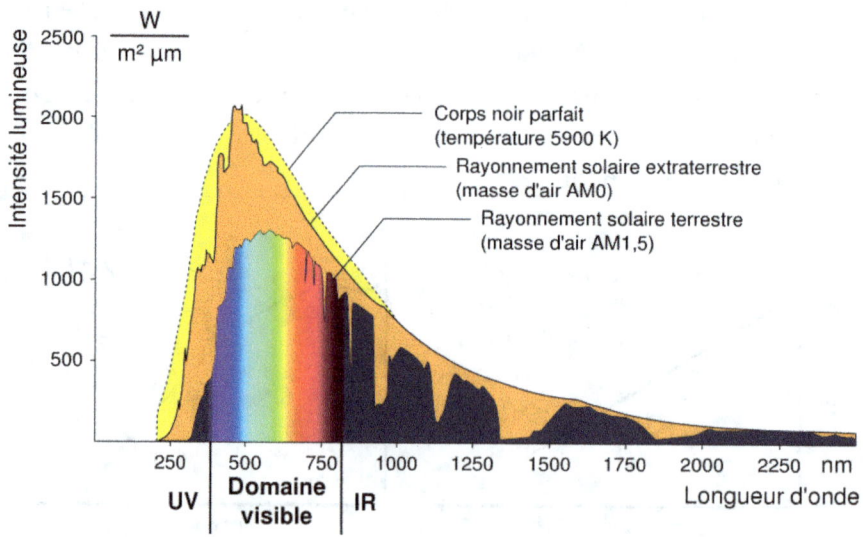

Figure 12. Spectre du Soleil, ressemblant presque parfaitement à un corps noir à 5 900 K lorsqu'il est mesuré au-dessus de l'atmosphère.

D'un point de vue évolutif, il est intrigant que la région d'émission principale corresponde à la sensibilité de l'œil humain. Il est également visible que les gaz dans l'atmosphère (CO_2, H_2O, etc.) absorbent sur une gamme distincte de longueurs d'onde, mais clairement pas comme un corps noir.

Ce que nous voyons n'a aucun sens

Plus en détail, le spectre solaire contredit l'observation de deux manières. Premièrement, la présence d'un rayonnement de corps noir nécessite un matériau capable d'émettre toutes les longueurs d'onde sans taille d'antenne préférée, ce qui n'est possible que pour un liquide et un solide. Deuxièmement, l'absence de raies d'émission spécifiques prouve que la photosphère ne peut être constituée d'hydrogène atomique ou moléculaire. Même si un spectre continu était créé par un mécanisme particulier, l'hydrogène atomique ou moléculaire devrait montrer des émissions à des longueurs d'onde spécifiques. À titre de comparaison, nous considérons le spectre d'émission de certains gaz sur la figure 13. Aucun de ceux-ci n'est même légèrement similaire au spectre du corps noir.

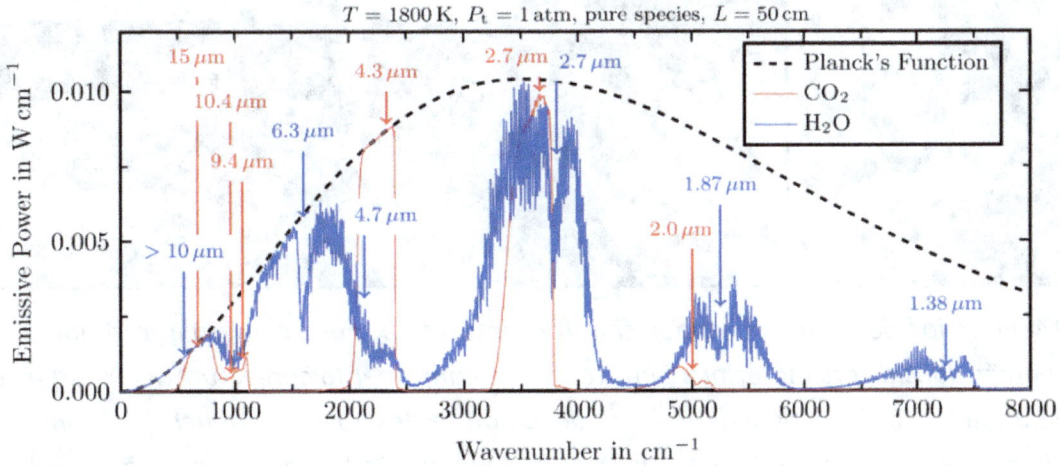

Figure 13. Pouvoir émissif de CO_2 et H_2O par rapport à un corps noir, en fonction du nombre d'onde ($1/\lambda$)[24]

Malgré ses conséquences révolutionnaires pour la physique fondamentale, la loi du rayonnement de Planck ne s'applique pas à la plupart des matériaux réels. Outre ses arguments théoriques, Robitaille l'a également démontré avec des équipements bon marché de type garage.[25]

Il n'y a pas de « rayonnement de cavité » indépendant de la nature des parois d'enceinte, comme le montre la figure 14 obtenue par Robitaille. De petits trous qui représentent une cavité ont été percés dans du graphite, car il est connu pour ressembler de très près au corps noir idéal de Planck dans son comportement, et de l'acier, car il peut également se rapprocher des performances d'un corps noir.

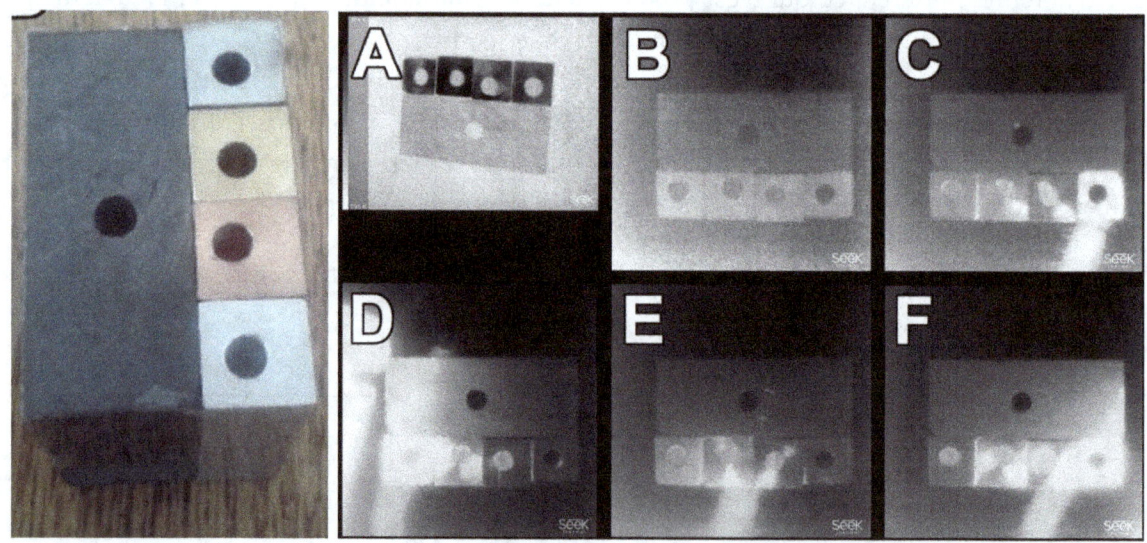

Figure 14. Émission de divers matériaux chauffés détectée par une caméra infrarouge. Des trous ont été percés dans divers matériaux pour tenter de confirmer la conjecture selon laquelle une cavité émet de la lumière indépendamment de la nature des parois. À gauche : graphite ; à droite (de haut en bas) : acier, laiton, cuivre et aluminium. De toute évidence, la loi de Kirchhoff échoue à un test aussi simple pour les cavités.[26] A : mesure du mode blanc. B : mode noir, température ambiante. C-F : le laiton, le cuivre et l'aluminium se comportent très différemment de l'acier et du graphite lorsqu'une tige chauffée (232 °C = 505 K) passe à proximité, ce qui prouve que le rayonnement de la cavité du corps noir est indépendant du matériau.

De plus, des métaux hautement réfléchissants, à savoir le laiton poli, le cuivre et l'aluminium, ont été sélectionnés. La figure 14B montre la situation à température ambiante (la figure 14A uniquement en mode blanc). Les figures 14C–14F montre le rayonnement émis lorsqu'une tige chauffée passe rapidement sur le bloc. Évidemment, aucun des matériaux n'a pu être chauffé sensiblement par ce court passage et est resté à température ambiante. Pourtant, les métaux émettent un rayonnement qui correspond à la tige chauffée. Les cavités réfléchissaient simplement la lumière, tandis que le graphite et l'acier étaient capables d'absorber le rayonnement et d'émettre encore à température ambiante. Ainsi, l'affirmation selon laquelle le rayonnement de la cavité est indépendant de la nature des parois – le contenu même de la loi de Kirchhoff – est réfutée. Robitaille s'en souciait parce que l'erreur de Kirchhoff signifiait que les scanners IRM pouvaient exister. Des cavités parfaitement réfléchissantes ne pourraient pas fonctionner sur le rayonnement entrant et c'est la clé du fonctionnement de chaque scanner IRM sur la planète.

Comme nous l'avons vu plus haut, la loi de Kirchhoff échoue encore plus dramatiquement pour les gaz. En fin de compte, il n'existe aucune preuve expérimentale ni aucun argument théorique valable qui la soutienne. De toute évidence, nous avons ici un problème. Nous avons vu que l'émission de corps noirs dans le monde réel n'est pas aussi courante que beaucoup le croient encore - une conséquence durable de la loi erronée de Kirchhoff. Le rayonnement du corps noir est plus une exception qu'une règle. Ainsi, nous devons réaliser que le Soleil émet de la lumière, comme le font très peu de matériaux. Cela rend certainement notre étoile plus mystérieuse et plus difficile à comprendre. En aucun cas, cependant, les gaz ne peuvent créer un spectre de corps noir. Fait intéressant, même les physiciens en étaient conscients, il y a 150 ans.

Chapitre 3

L'opacité :
La longue lutte pour rendre le Soleil différent qu'il ne soit

Compte tenu de ce que nous avons appris dans les derniers chapitres, nous pouvons nous demander comment les physiciens en sont venus à émettre l'hypothèse d'un Soleil gazeux. Il est important dans ce cas, cependant, d'avoir une vision historique de l'évolution de la science du Soleil. Le fait que le Soleil présentait un spectre de corps noir était déjà bien connu dans les années 1870, bien que sa forme théorique n'ait pas encore été calculée. Sachant qu'un gaz ne peut pas émettre un tel spectre, les physiciens de l'époque croyaient qu'il devait y avoir une certaine forme de carbone à la surface du Soleil. En effet, longtemps après avoir développé sa loi du rayonnement, Planck a continué à postuler qu'un petit morceau de carbone, comme une graine, était supposé émettre un rayonnement de corps noir dans le modèle théorique d'une cavité. Mais Kirchhoff comprenait déjà bien que la lumière du Soleil ne pouvait pas provenir d'un gaz et il était convaincu que le Soleil devait être liquide ou même solide. Savourez cela ! Ironiquement, sa propre loi erronée du rayonnement thermique a fourni le principal argument à ceux qui rejetteraient plus tard ce modèle en faveur d'une étoile gazeuse.

« Mais seuls les solides et les liquides incandescents donnent un spectre continu, tandis que les gaz ou les vapeurs fournissent un spectre réduit à quelques rayons lumineux seulement. » Hervé Faye

Les astronomes d'observation ont toujours préféré un Soleil liquide. Pour eux, il était littéralement clair comme la lumière du jour que le Soleil avait une surface réelle. Les premières idées sur un Soleil gazeux sont apparues[27] vers 1865 et, avec les progrès de la thermodynamique théorique vers 1900, les modèles basés sur un plasma gazeux sont devenus plus concrets. Ces astronomes se sont appuyés sur l'idée de Kirchhoff selon laquelle une cavité émettrait toutes les fréquences. Même si la loi de Kirchhoff était correcte, toutes les tentatives pour décrire le Soleil comme une cavité remplie de rayonnement de corps noir ont été contrecarrées dès le départ : il n'y avait pas d'enceinte, pas de présence d'absorbeur et aucune preuve d'équilibre thermique. Comment une région avec un tel transport d'énergie pourrait-elle être en équilibre ? Pourtant, au cours des décennies suivantes, un phénomène épistémologique intéressant s'est développé. Avec une contradiction croissante entre les preuves d'observation et ce que nous pouvions attendre d'un matériau dont le Soleil était censé être composé, le discours général s'est lentement déplacé vers des arguments théoriques, souvent basés sur des hypothèses pour lesquelles aucune vérification indépendante n'existait.

Le principal partisan de cet état d'esprit était Sir Arthur Eddington, le célèbre astronome et « empereur » incontesté de la Société Royale de Londres. Eddington avait de grands mérites scientifiques : durant sa célèbre expédition en 1919, il avait observé des éclipses solaires et il avait recueilli des preuves spectaculaires de la théorie de la relativité générale d'Einstein. Mais en même temps, il était trop confiant et abusait de son pouvoir pour faire avancer ses propres convictions. Par exemple, il a publiquement humilié[28] le physicien indien Subramaniam Chandrasekhar pour sa prédiction selon laquelle les étoiles dépassant une certaine masse pourraient s'effondrer en naines blanches ou même en étoiles à neutrons. L'observation de ce dernier n'a été confirmée qu'en 1967 et Chandrasekhar a reçu le prix Nobel en 1983 – un honneur[I] qu'Eddington n'a jamais reçu. Cependant, Eddington gagnait une grande bataille : son modèle du Soleil gazeux l'emportait sur la conviction de son éminent adversaire, James Jeans, convaincu que le Soleil était un liquide. Ce n'est que bien plus tard, lorsqu'il est devenu évident que le Soleil était constitué d'hydrogène, que Jeans a changé d'avis.[29]

Remplacer l'observation par la théorie

C'est principalement Eddington qui a transformé le problème pratique de la façon dont les atomes émettent de la lumière en un exercice de thermodynamique théorique qui, sur la base d'une série d'hypothèses sur les « systèmes », a construit des modèles qui n'ont jamais été en contact avec un laboratoire sur Terre. L'une de ces hypothèses douteuses, inventée pour contourner le fait gênant qu'il n'y avait pas d'équilibre thermique véritable, était celle de *l'équilibre thermique locale*. « Équilibre » signifie un état de température constante dans lequel, pour ainsi dire, rien d'intéressant ne se produit mais est

---

[I] Alors que dans ce cas, le prix était parfaitement justifié, de nombreux prix ont été décernés pour des découvertes douteuses au cours des dernières décennies.

facilement calculable pour cette raison. Une tasse d'eau à température ambiante serait en équilibre thermique avec son environnement, mais pas l'eau bouillante dans une bouilloire électrique. Il n'y a aucune raison a priori de supposer que notre étoile, avec un taux de production de chaleur aussi violent, soit en équilibre thermique local à n'importe quel endroit. Nous discuterons plus tard de nombreuses preuves que ce n'est pas le cas. Cependant, ici, il est important de comprendre que l'équilibre thermique local est un cas très particulier à la lumière de ce qui se passe dans le monde physique. Même l'attribut « local » est un peu inapproprié. Les différences de température manifestement existantes, telles que 6 K (Kelvin) par kilomètre (les physiciens appellent cela un gradient) pourraient facilement conduire à la convection. C'est un peu comme dire que vous êtes localement au repos lorsque vous dévalez une pente. Toute l'approche qui utilise l'approche « d'équilibre » est une tentative discutable de décrire la nature avec un cadre de calculs qui manque de justification physique pour commencer. Si nous jetons un coup d'œil sur l'histoire, le schéma général observé dans divers domaines de recherche est le suivant : lorsque les choses deviennent trop difficiles à saisir et que les gens ne parviennent pas à comprendre un effet dans sa pleine réalité physique, il est très tentant pour les scientifiques de faire des compromis et d'inventer des modèles simplifiés avec lesquels ils peuvent poursuivre leurs recherches. Si une telle marge est autorisée, nous pouvons l'observer dans diverses communautés de recherche de la culture scientifique d'après-guerre.

« Au lieu de combler une lacune par des suppositions, la véritable science préfère s'en accommoder. » - Erwin Schrödinger

Bref, le modèle solaire standard dit que presque toute la chaleur est transportée via le rayonnement du corps noir des régions les plus chaudes vers les régions les plus froides. Chaque couche est supposée être un corps noir, la température augmentant à mesure que nous dépassons la photosphère. Au total, chaque couche devrait apporter sa contribution à ce qui est finalement visible sur la photosphère. Cela nécessiterait un réglage considérable de la transparence de toutes ces couches. Plus grave encore, cependant, est le fait qu'il est carrément inintelligible que n'importe quelle région gazeuse du Soleil puisse produire un tel spectre de corps noir en premier lieu. Les atomes ou les molécules d'hydrogène dans un gaz agiraient simplement comme de petites antennes qui émettraient des fréquences principalement discrètes, contrairement au spectre continu observé.

Plongez dans le Soleil, mais pas trop.

Les hypothèses d'Eddington sur l'intérieur du Soleil n'étaient pas étayées par des preuves directes. Au lieu de cela, toutes les observations montrent que la photosphère est une surface nette et distincte. Pour éviter le dilemme de savoir comment former un corps noir avec un gaz, les astronomes cherchent refuge en affirmant qu'une partie du spectre est émise par les régions plus profondes sous la photosphère avec une température beaucoup plus élevée, également appelée plasma. Par conséquent, une photosphère qui atteint pratiquement cette région de plasma devrait avoir une épaisseur remarquable.

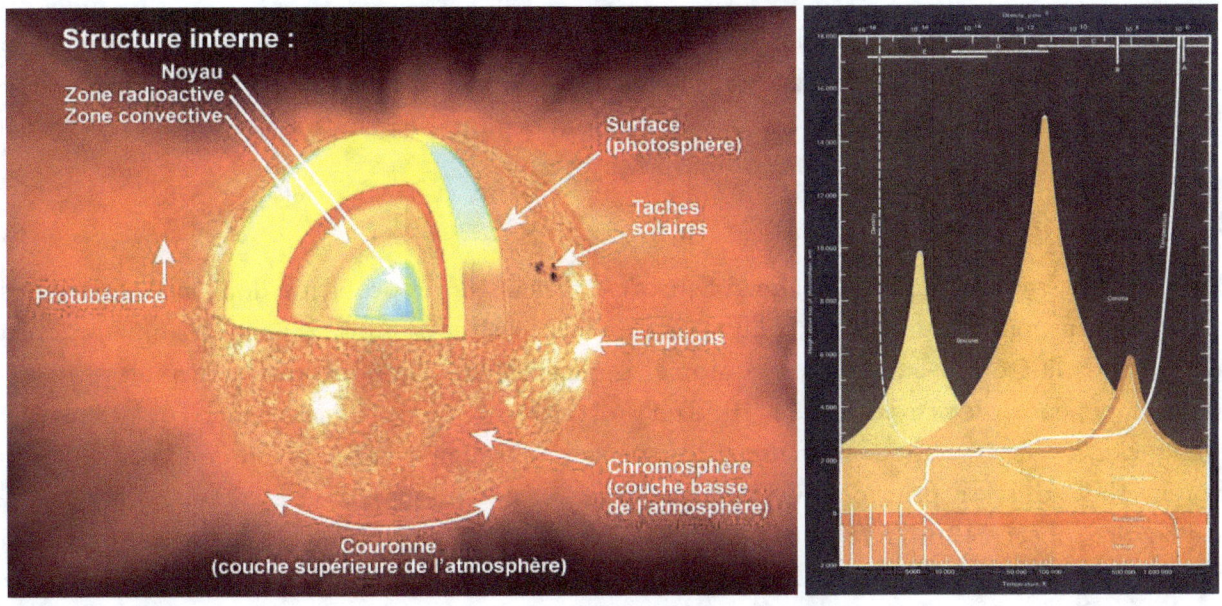

Figure 15. Modèle conventionnel du Soleil et de l'atmosphère solaire. À gauche : une image schématique des couches du Soleil. À droite : les composants de l'atmosphère solaire sont représentés dans un diagramme hauteur-température. La photosphère est supposée avoir une épaisseur remarquablement petite de seulement 400 km.

D'autre part, les astronomes doivent expliquer la surface apparente et s'assurer que les couches gazeuses deviennent rapidement opaques lorsqu'elles plongent dans la photosphère, contredisant rapidement ce qu'ils ont supposé peu de temps auparavant. Soit que nous nous approchons de la température d'ionisation,[1] soit que nous ne recevons tout simplement pas suffisamment d'ions pour un spectre continu. Inutile de dire qu'il reste à expliquer à quel point les rayons X pénétrant profondément, qui sont l'émission prédominante de ces couches chaudes, sont protégés afin de ne pas « gâcher » le spectre visible du corps noir à 5 800 K. Postuler, comme le fait le modèle solaire standard, que ce spectre provient d'une combinaison de couches à différentes températures plutôt que d'une surface distincte nécessite une énorme sélection du meilleur ou désirable.

Les astronomes ont donc le problème d'une courte couverture : si vous la tirez sur vos épaules, vos pieds resteront découverts. Il n'y a aucun moyen de concilier la température de la photosphère avec son opacité manquante. Néanmoins, les chercheurs ont déployé de grands efforts pour affirmer que chaque couche du Soleil peut émettre comme un corps noir.

Des ions manquants

En 1920, l'astronome indien Meghnad Saha s'est penché sur le problème de l'ionisation, qui est crucial, car sans ions, aucun spectre continu ne peut être généré. La raison est simple : une fois qu'un électron s'est libéré des limites de son atome, il peut gagner n'importe quelle quantité d'énergie cinétique, et peut également le faire à partir d'un processus thermique. En revenant à l'un des niveaux atomiques discrets, la quantité arbitraire supplémentaire d'énergie cinétique peut être incluse dans le photon émis. Ainsi, en principe, un spectre continu est possible. Tel que mentionné ci-dessus, la température observée de 5 800 K est de loin insuffisante pour enlever un électron d'un atome/molécule. Le problème est donc qu'il n'y a pas d'ions en premier lieu et, par conséquent, les théoriciens cherchaient désespérément à trouver des mécanismes qui pourraient les créer.

Saha a généralisé les calculs de Gibbs pour une pression arbitraire et est arrivé à la formule qui prédit un pourcentage plus élevé d'ionisation dans certaines conditions.[30] Bref, Gibbs dit que même à température modérée, une particule transporte parfois suffisamment d'énergie cinétique pour se

---

[1] En assimilant l'énergie d'ionisation à la température, nous obtenons 157000 K, des ordres de grandeur trop élevés.

débarrasser de son électron, qui se recombinerait cependant rapidement. Saha a alors découvert qu'à très basse pression, cette recombinaison devenait plus rare, donc plus de particules s'accumuleraient effectivement à l'état ionisé. Par exemple, Saha, a conclu que l'hélium, qui représente environ dix pour cent des atomes du Soleil, serait presque entièrement ionisé à une température de 17 000 K, mais seulement à une très basse pression de 10 Pa, dix mille fois moins que la pression atmosphérique.

Figure 16. Gustav Kirchhoff, Sir Arthur Eddington et Meghnad Saha

Nous comprenons maintenant pourquoi le modèle solaire standard postule des densités étonnamment faibles dans la photosphère. D'un point de vue historique, il est intéressant de voir comment l'incapacité continue de décrire ce qui est observé a conduit les astronomes à des hypothèses de plus en plus farfelues. Alors qu'Eddington et Milne étaient convaincus que la densité atmosphérique était à peu près la même que celle de la Terre (1,3 kg/m^3), les modèles actuels doivent supposer des densités dix mille fois inférieures, de l'ordre de 10^{-4} kg/m^3, quelque chose que chaque praticien dans un laboratoire appellerait un vide.[31]

Une équation illusoire

Une densité aussi faible est déjà suspecte, mais il faut garder à l'esprit que Saha a également supposé un équilibre thermique local. Il est déconcertant que son équation, pourtant raisonnable d'un point de vue théorique, n'ait jamais été mise à l'épreuve en laboratoire. Sa validité reste entièrement conjecturale.

En plus de cela, l'équation de Saha fait des prédictions grossièrement erronées concernant l'abondance des ions dans l'atmosphère solaire. L'éminent astrophysicien Harold Zirin le souligne d'ailleurs : [32]

> *Bien que des erreurs d'une telle ampleur paraissent ridicules, leur existence n'a été découverte qu'au cours des 30 dernières années ; et l'équation de Saha est si pratique à utiliser que nous pouvons encore la trouver occasionnellement appliquée dans la littérature astrophysique actuelle à des problèmes dans l'atmosphère solaire, où elle donne des erreurs de facteurs de millions.*

Zirin est assez sévère dans son appréciation générale : [33]

> *Pendant quelques années après la découverte de la théorie quantique et de la théorie de l'ionisation de Saha, les astrophysiciens ignoraient suffisamment les problèmes de thermodynamique hors d'équilibre pour utiliser ces formules aveuglément pour tout calculer et tout expliquer.*

Dans une autre tentative désespérée de postuler les ions, l'astronome germano-américain Rupert Wildt a proposé en 1939 que l'anion H^-, c'est-à-dire l'hydrogène avec un électron supplémentaire, pourrait expliquer le spectre continu souhaité s'il était présent en quantités suffisantes. En effet, comme un atome d'hydrogène n'aime pas particulièrement un électron supplémentaire, l'énergie de liaison relativement faible de 0,75 eV pourrait facilement être surmontée par le mouvement des particules et, une fois libérée, créer un continuum de fréquences lors du retour à sa place. Par conséquent, beaucoup d'efforts ont été investis dans la modélisation d'une émission continue avec l'anion H^-. Le problème, cependant, est que nous ne pouvons pas obtenir des électrons libres qui se couplent joyeusement avec de l'hydrogène de nulle part. Il ne fait aucun doute que les corps célestes sont électriquement neutres. Il n'y a pas d'électrons en excès qui traînent à la surface du Soleil et le fait, qu'il faille au moins 13,6 eV, ou 4,74 eV pour enlever un électron d'un atome/molécule, vous ramènera au début de cette théorie illusoire. Mais supposons, pour les besoins de l'argument, que tous les défauts théoriques n'existaient pas, que toutes les hypothèses injustifiées étaient correctes et qu'il y avait des anions, des particules ou toute autre substance jusque-là inconnus capables de maintenir le rayonnement du corps noir dans les couches au-delà de la photosphère. Ensuite, ce serait un miracle si son mélange de photons provenant de différentes couches - avec des températures très différentes s'ajoutait à un spectre de Planck précis de 5 800 K à la photosphère.

Le mystère est double : premièrement, comment un spectre continu est-il généré par des particules qui émettent des longueurs d'onde discrètes ? Peut-être encore plus étrange, comment toutes ces fortes raies d'émission d'hydrogène, qui sont bien connues, pourraient-elles disparaître rapidement et se répandre dans un spectre continu ? Personne ne peut expliquer comment un spectre continu apparaît et comment le spectre discret disparaît. C'est impossible. Bref encore, le Soleil n'est pas un tube lumineux.

Visualisons cet argument avec un autre élément de physique instructif – même si le mécanisme de génération de la lumière n'est pas le même : les rayons X. Dans un tube à rayons X, un spectre continu est généré par des électrons qui, se déplaçant rapidement, s'écrasent sur du métal. Comme ces électrons subissent de fortes accélérations (négatives), une partie de leur énergie cinétique est convertie selon la formule d'Einstein $E = hf$.

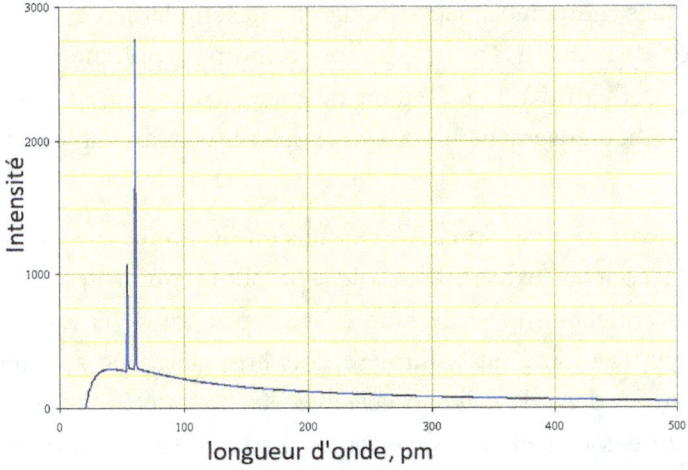

Figure 17. Émission d'un tube à rayons X. Notez que le spectre continu est recouvert de lignes discrètes qui dépendent du matériau. Bien que les mécanismes soient différents, cela montre le problème fondamental : quel que soit le mécanisme responsable du continuum, il n'y a aucun moyen de se débarrasser des lignes discrètes.

Cependant, la structure de l'atome provoque l'émission de lignes discrètes chaque fois qu'un électron saute d'une couche supérieure à une couche inférieure (qui dans ce cas a été vidée par les électrons entrants). Ceci illustre que le problème avec le modèle gazeux est double : non seulement il n'y a pas de mécanisme pour générer un continuum, mais en plus, il reste incompréhensible que toutes les lignes discrètes aient disparues.

La grande science : nier l'évidence par la force brute

Durant les années 1950 et 1960, les contradictions flagrantes de ce modèle ont incité les universités américaines à entreprendre d'immenses programmes pour résoudre le problème que le Soleil ne ressemblait pas à ce qu'il devrait être une fois pour toutes. D'une certaine manière, cela reflétait la tradition scientifique établie après la Seconde Guerre mondiale, où les gens croyaient que tout était possible avec suffisamment de financement, d'instruments et de main-d'œuvre.[1] C'est probablement le nombre de personnes impliquées dans ces grands projets scientifiques qui a contribué à l'établissement ultime du soi-disant modèle solaire standard. Je suis loin de pouvoir blâmer n'importe lequel de ces scientifiques individuels, car ils étaient vraisemblablement des personnes dévouées et intelligentes faisant de leur mieux pour s'attaquer à un problème difficile (vraisemblablement insoluble). Pourtant, une théorie à laquelle tant de main-d'œuvre a été consacrée est très difficile à abandonner en fait. Malheureusement, il existe de nombreux exemples de cela dans l'histoire des sciences.

Le problème clé à surmonter était l'opacité, ce qui signifie essayer de trouver des mécanismes pour la non-transparence des couches externes du Soleil. La photosphère apparaît si superficielle qu'il faut expliquer pourquoi ses couches supérieures ne laissent pas passer la lumière d'en bas. Pour ne pas contredire ce qui est vu, la moitié de la lumière doit être absorbée sur une distance de seulement 400 km,[34] et il n'y a aucun moyen d'expliquer cela avec les propriétés du gaz. Bon, il fallait s'expliquer. Des légions de scientifiques collectaient des données sur toutes les substances imaginables dans la photosphère, aussi négligeables que soient leurs quantités et calculaient la contribution correspondante à l'opacité ou la mesure dans laquelle elles pouvaient empêcher la lumière de passer.

---

[1] Pour ces considérations historiques sur la culture scientifique, voir mon livre *Make Physics Great Again* (2023).

Malgré l'audace de l'approche, qui laisserait supposer que chaque détail était correctement pris en compte, la procédure - les soi-disant opacités moyennes de Rosseland - était ridiculement rudimentaire. Tout spectroscopiste raisonnable commencerait par le fait évident que l'opacité dépend de la longueur d'onde (parce que chaque substance a ses lignes d'émission et d'absorption préférées). Pourtant, d'une manière ou d'une autre, c'est devenu une croyance établie dans la communauté que le détail détournerait ici l'attention. Les scientifiques ont décidé d'alimenter le modèle avec une opacité *moyenne* - un concept qui n'a de sens que pour les théoriciens endurcis. Personne n'a jamais mesuré une opacité moyenne en laboratoire. Si nous essayons de trouver une définition de ces opacités de Rosseland,[35] nous apprenons qu'elles sont utilisées dans des situations où le rayonnement est supposé être en « équilibre thermique… et donc avoir un spectre de corps noir ». Il n'est pas étonnant qu'ils aident à justifier l'apparition d'un spectre de corps noir alors que c'est l'hypothèse même. Pourtant, il semble que ce type de raisonnement circulaire soit largement passé inaperçu. Le terme même d'opacité moyenne devrait être un signal d'alarme pour tout physicien.

Néanmoins, il a été soutenu que les opacités moyennes de Rosseland réduisaient simplement un problème autrement insoluble - eh bien, véritablement ! Cependant, cette approche a seulement permis à la physique solaire de contourner la réalité selon laquelle, à chaque niveau de l'intérieur solaire, il est impossible de générer un spectre purement de corps noir en respectant strictement le comportement planckien à toutes les fréquences.[36] Une myriade d'impossibilités physiques a été postulée dans une tentative de sauver le modèle gazeux.

> *« L'établissement se défend en compliquant tout jusqu'à l'incompréhensible. » – Fred Hoyle*

Aucune luminosité ne sort des masses.

Pour quiconque jette un regard sérieux sur les processus physiques impliqués dans la production de lumière, il devient clair qu'une suite d'excuses a répondu à une interminable série de contradictions. Le fait qu'un effort aussi massif soit entrepris pour surmonter des difficultés apparemment insurmontables était salué comme un grand mérite en soi, malgré l'absurdité limite de la méthode. Toutefois, affiner un modèle rempli de « facteurs flous » tout en passant sous silence les contradictions conceptuelles est devenu normal et banal dans l'environnement scientifique d'aujourd'hui.

Si nous considérons la main-d'œuvre, le financement et le nombre d'articles scientifiques impliqués dans ces projets, le résultat de collaborations telles que OPAL peut être impressionnant. Cependant, lorsque nous essayons de comprendre ce qui a réellement été accompli, le travail se dissout rapidement en divers liens vers des tableaux contenant des données inintelligibles - aucun d'entre eux n'a rien à voir avec la production d'un véritable spectre de corps noir sur Terre.[37] D'un point de vue épistémologique, le nombre massif d'hypothèses autrement non testées a permis des nombres correspondants qui pourraient être ajoutés au calcul. Toute l'entreprise est devenue un exercice d'ajustement de paramètres, dépourvu de preuves matérielles de confirmation.

La ligne de défense qui fonctionne toujours contre de tels arguments de bon sens est qu'il faut être un expert pour comprendre la sophistication et la sagesse du modèle. Certains soutiennent sérieusement que quiconque n'est pas dans la communauté de la physique solaire ne peut pas la comprendre par définition. Pourtant, ce n'est pas que le mécanisme d'opacité du modèle solaire standard soit difficile à comprendre parce qu'il nécessite des mathématiques sophistiquées ou parce qu'il est intellectuellement difficile pour une autre raison. C'est plutôt un gâchis inintelligible.

« Alors que les journaux regorgent d'images spectaculaires, personne ne mentionne les héros méconnus qui ont consacré leur temps à comprendre l'opacité du Soleil. » - James Kaler[38]

Comme nous l'avons vu, les mécanismes postulant l'opacité sont défectueux à bien des égards. Le modèle solaire standard ne parvient pas à expliquer comment la lumière du Soleil est produite et, encore une fois, les idées qu'ils avancent n'ont absolument rien à voir avec ce qui est nécessaire pour produire un spectre de corps noir en laboratoire. Pourtant, je ne pense pas que quiconque soit à blâmer; cela semble plutôt être une séquence presque tragique d'événements dans l'histoire de la physique solaire. Il ne semblait pas y avoir d'alternative raisonnable à l'état gazeux du Soleil ; il est donc compréhensible que les gens aient tenté d'échapper au dilemme en développant un modèle de force brute, laissant derrière eux toute physique intuitive. Il existe cependant une alternative. Nous en parlerons dans le prochain chapitre.

Partie II.

L'explication : une forme exotique d'hydrogène

Chapitre 4

La société des atomes :
Molécules familiales et communautés de réseaux

Dans la première partie, nous avons vu qu'il n'y a aucun moyen pour que des atomes ou des molécules uniques dans une phase gazeuse puissent produire un spectre de corps noir. D'autre part, il n'y avait aucun matériau sur Terre connu pour exister à l'état solide ou même liquide aux températures trouvées dans la photosphère. Alors qu'au début du 20ème siècle nous pouvions encore spéculer si le Soleil était constitué d'autres substances,[I] il est maintenant clair que la majeure partie du Soleil est d'hydrogène, avec environ 10% de ses particules étant de l'hélium. Cependant, il vaut la peine d'examiner les preuves selon lesquelles, comme nous le savons aujourd'hui, le Soleil est une étoile brûlante d'hydrogène.[II]

> « Nous avons de fortes raisons de soupçonner que les nuages lumineux consistent, comme presque toutes les sources de lumière artificielle, en carbone finement divisé. » – GJ Stoney[39]

[I] De nombreux chercheurs, comme Stoney, pensaient que le carbone sous forme de graphite était un constituant nécessaire du Soleil.

[II] J'affirme que ces étoiles reposent sur la séquence principale, contrairement aux géantes brûlant de l'hélium et autres.

Les géologues savent depuis longtemps que l'âge de la Terre et du système solaire est de l'ordre de milliards d'années. L'analyse des roches contenant des substances radioactives indique maintenant que notre planète s'est formée il y a environ 4,5 milliards d'années. Dès le début, cela a représenté un défi considérable pour tout modèle du Soleil, qui devait libérer de l'énergie sur une telle période. La première hypothèse, principalement émise par l'éminent physicien britannique Lord Kelvin, était que l'énergie provenait de la contraction gravitationnelle du Soleil. Malheureusement, cela a limité sa durée de vie à un maximum de 200 millions d'années, une contradiction évidente. Ce n'est qu'avec la découverte de la radioactivité en 1896 et la découverte subséquente de la structure du noyau atomique qu'une image différente a émergé. Une fois que nous savions qu'un noyau d'hélium était un peu plus léger que quatre protons, nous pouvions soupçonner que la fameuse formule d'Einstein $E=mc^2$ était responsable de l'énorme quantité d'énergie rayonnée par notre étoile. Multiplier la minuscule différence de masse par c^2 conduirait à une énorme libération d'énergie. Avec cette connaissance, il a été proposé que l'hydrogène dans le Soleil puisse facilement maintenir la production de chaleur pendant des milliards d'années. Évidemment, c'était une possibilité intrigante. Aujourd'hui, nos connaissances sur les réactions nucléaires confirment que le Soleil brûle chaque seconde 600 millions de tonnes d'hydrogène en hélium, dont 4 millions de tonnes sont directement converties en énergie.

La physique nucléaire explique la puissance du Soleil.

Cependant, à l'époque, nous ne savions absolument pas comment un tel processus de fusion pouvait se produire en pratique. Ce n'est qu'après la découverte du neutron par James Chadwick en 1932, un constituant du noyau sans charge, que la théorie des réactions nucléaires a pu être développée davantage. En effet, la première étape du processus de fusion qui libère de l'énergie est la fusion de deux protons pour former un deutérium, composé d'un proton et d'un neutron, tandis qu'une version positive de l'électron, appelée positron, est libérée. L'existence de ces électrons positifs a été confirmée en 1936 par Carl Anderson. Une fois cette première étape de fusion terminée, deux noyaux de deutérium peuvent former un noyau d'hélium (deux protons, deux neutrons). Le vrai processus est plus compliqué, mais puisque nous ne remettons pas en cause l'image acceptée, il n'est pas nécessaire d'entrer dans les détails ici.[40] Il semble que le bilan énergétique des réactions nucléaires soit maintenant suffisamment bien compris. En tout état de cause, sa réalité brutale a été démontrée avec la découverte de la fission nucléaire en 1938 et le développement éventuel de la bombe atomique en 1945. Même la fusion artificielle de l'hydrogène en hélium a été accomplie avec le développement de la bombe à hydrogène en 1952,[41] déclenchant un pouvoir d'autodestruction sur l'humanité.

En l'absence d'alternatives raisonnables, il est clair que l'énergie produite par le Soleil provient du processus de fusion. Cette idée est conforme à l'image intuitive selon laquelle l'atome le plus simple de l'univers, l'hydrogène, dont tout le reste provient, a été le premier à exister dans l'univers. La conviction que le Soleil s'est formé à partir d'hydrogène a été établie dans les années 1930. Cependant, la tension entre ce que les gens savaient sur les constituants du Soleil et les preuves d'observation s'est beaucoup aggravée. En tant qu'élément le plus léger, l'hydrogène était connu pour entrer à l'état liquide à 35 K (-238 °C) et devenir solide[I] à 4 K (-269 °C). Dans un tel cas, nous parlons de la molécule d'hydrogène constituée de deux atomes. Tout autre état qu'un état gazeux ou même plasma semblait littéralement impossible à 5 800 K. L'astrophysique avait un problème. En acceptant la conclusion inévitable que le Soleil était composé d'hydrogène, les scientifiques ont été encouragés à ne pas croire à ce qu'ils voyaient - une surface distincte.

La physique possède la chimie

Pour comprendre la véritable nature du Soleil, il faut s'écarter un peu et s'intéresser à la façon dont les atomes organisent leur vie ensemble en général. Les structures qui peuvent se former ne dépendent pas du noyau en premier lieu, mais du nombre d'électrons dans les orbitales électroniques. C'est l'un des plus beaux résultats de la mécanique quantique développée par Heisenberg et Schrödinger que le nombre et la composition de ces coquilles peuvent être déduits des premiers principes. Les orbitales trouvées par Schrödinger correspondent parfaitement au tableau périodique dans lequel les chimistes ont placé les différents atomes depuis les découvertes révolutionnaires de Dimitri Mendeleev et Lothar Mayer en 1860. Qui aurait pensé que nous comprendrions la pléthore de phénomènes chimiques jusqu'à un niveau mathématique ? La description des atomes est certainement l'une des grandes réalisations de l'humanité, complétant l'idée visionnaire des atomes introduite par les philosophes grecs Leucippe et Démocrite.

[I] Cela n'a été possible qu'après 1908, lorsque l'hélium a été liquéfié pour la première fois par le physicien néerlandais Heike K. Omnes. À son tour, cela a conduit à l'importante découverte de la supraconductivité.

Le plus important est le concept d'une coque complète, qui permet aux atomes de vivre heureux seuls, quelque chose qui se produit - encore une fois, pour des raisons mathématiques convaincantes - uniquement lorsque la coque externe est complète, se produisant lorsque le nombre total d'électrons est de 2, 8, 18, 36, 54 et 86. C'est le cas des gaz nobles l'hélium, le néon, l'argon, le krypton, le xénon et le radon. En dehors de ces solitaires, tous les autres atomes cherchent à s'associer à leurs collègues pour former une coque complète d'électrons, principalement avec le chiffre huit, à l'exception d'une paire d'atomes d'hydrogène qui forment une molécule avec une coque, comme l'hélium.[1] Le nombre d'électrons dans l'enveloppe externe caractérise le comportement chimique, c'est-à-dire avec lequel de ses collègues un atome est susceptible de s'associer.

En effet, les atomes sont généralement regroupés en huit groupes dits principaux : les métaux alcalins à un seul électron extérieur, les métaux alcalino-terreux à deux électrons extérieurs, etc. En conséquence, il existe une variété de possibilités pour former des enveloppes externes de huit électrons: le sodium, avec un électron externe, se combine avec le chlore avec sept, formant du sel ordinaire (bien que ce ne soit techniquement pas une molécule, mais une liaison ionique); le carbone, avec quatre électrons externes, accueille quatre atomes d'hydrogène avec un électron chacun pour former du méthane et deux atomes d'oxygène avec six électrons externes déclarant chacun quatre de leurs 12 électrons comme communs, formant une molécule d'O_2 ce qui permet aux deux noyaux de maintenir une coquille virtuelle de huit électrons chacun. Deux atomes d'azote avec seulement cinq électrons externes chacun ont une liaison de six électrons ou trois « paires », etc. J'espère que c'est assez de chimie pour le moment.

Les raisons sociales de l'existence des métaux

Il est également clair que les atomes avec plus d'électrons dans leur enveloppe externe ont tendance à saisir un ou deux électrons afin de compléter leur enveloppe, tandis que ceux qui n'en ont qu'un ou deux laissent partir leurs électrons plus facilement, déclarant que leur deuxième enveloppe la plus externe devient la coque extérieure.

---

[1] Il est important de garder à l'esprit que cela n'a rien à voir avec la fusion des noyaux - la *molécule d'hydrogène* a toujours deux protons distincts.

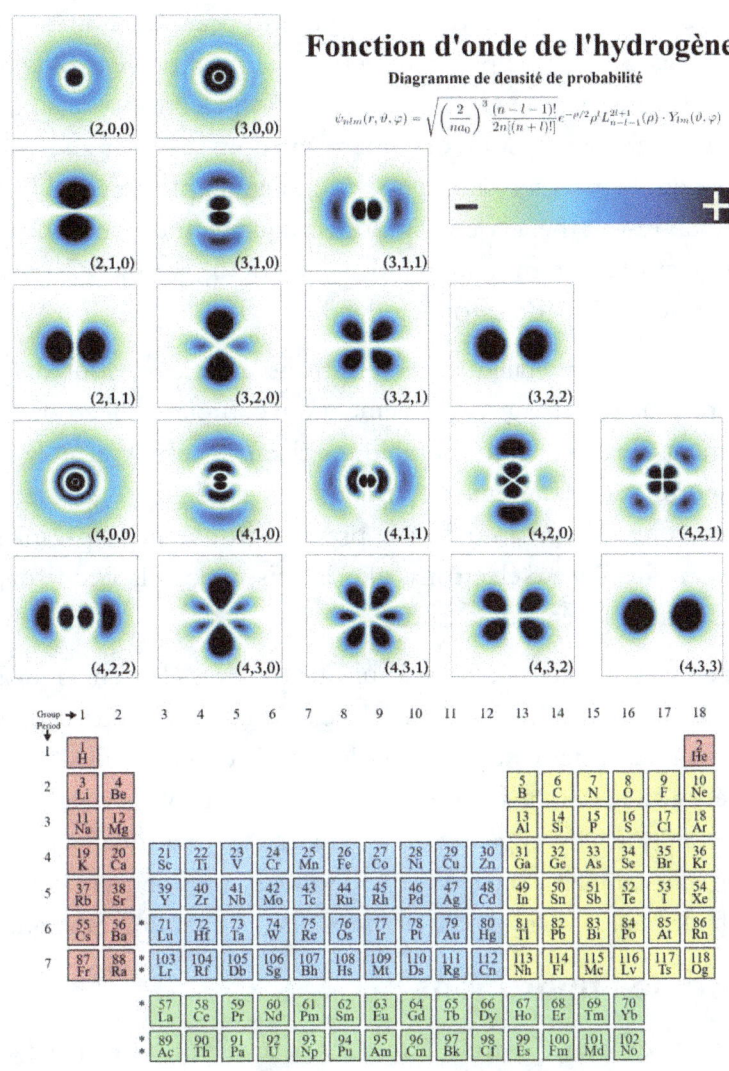

Figure 18. Les orbitales de l'atome d'hydrogène (avec des nombres dits quantiques n, l, m ; tous les états sauf m=0 apparaissent deux fois, chaque état étant rempli de 2 électrons) sont exactement calculables à partir de l'équation de Schrödinger. Les structures respectives sont valables pour tous les éléments du tableau périodique et expliquent la chimie observée à partir des premiers principes.

Ainsi, les métaux alcalins et alcalino-terreux se soucient, pour ainsi dire, moins de leurs électrons que les autres. Dans le cas d'un corps pur comme le lithium, il devient plus difficile de former une molécule car chaque atome essaie de se débarrasser de son électron. Ainsi, au lieu de se regrouper pour former des molécules (quelque chose que nous pourrions associer au partenariat ou à la famille), ils organisent généralement leur coexistence d'une manière complètement différente, semblable à une communauté, formant un réseau métallique composé uniquement de leurs corps chargés positivement tout en libérant leurs électrons externes au grand public, où ils sont autorisés à aller n'importe où et n'appartiennent plus à la « famille » de l'atome individuel.

En effet, dans un tel réseau métallique, les électrons extérieurs sont dépouillés de leur atome d'origine et forment un « nuage » chargé négativement qui compense électriquement la charge positive du réseau. Le mouvement libre sans contrainte de ces électrons est en effet la raison pour laquelle les métaux peuvent supporter des courants électriques. La tendance à se débarrasser des électrons externes est non seulement prédominante dans le premier groupe principal mais augmente également avec la taille d'un atome. Plus il y a d'électrons, plus la liaison dans la coque externe est faible et plus la propension à former un état métallique est forte.[42]

Qu'est-ce que tout cela a à voir avec le Soleil, puisque tous ces éléments lourds ne jouent qu'un rôle marginal ? L'hydrogène, en tant qu'élément le plus léger, semble loin d'être capable de former un métal, notamment parce qu'il a manifestement opté pour le "mode de vie familial" d'une molécule. Eh bien, pas tout à fait. Dans leur article visionnaire de 1935, les physiciens Wigner et Huntington[43] ont proposé que dans certaines conditions, l'hydrogène puisse adopter un état métallique. Bien que la réalisation expérimentale d'un tel état semblait éloignée à l'époque, leurs arguments en faveur de l'existence même de l'hydrogène métallique étaient solides et, à part des détails quantitatifs, n'ont pas été contestés.

La double nature de l'hydrogène

De ce point de vue, l'hydrogène pourrait être considéré comme l'élément « 0 » du groupe alcalin, car il n'a qu'un seul « électron externe » comme le lithium, le sodium, le potassium, le césium et le rubidium. Tous ces éléments forment des métaux, et la question demeure, pourquoi l'hydrogène ne devrait-il pas le faire ? Évidemment, il apprécie *également* l'autre option et, dans les conditions habituelles, *préfère* former des molécules. Pourtant il n'y a, en principe, aucune raison pour que les atomes d'hydrogène ne puissent pas regrouper leurs protons en un réseau tout en libérant leurs électrons isolés dans le nuage communautaire. Cela ne se produira pas dans les conditions normales que nous connaissons sur Terre, mais la phase préférée - dans ce cas, l'option molécule ou métal - dépend de la température et de la pression. Par exemple, sous une pression relativement faible, un petit pourcentage de lithium, généralement un métal, forme la molécule Li_2.

À la lumière de ces dépendances, il pourrait y avoir des conditions extrêmes de haute pression qui forcent l'hydrogène à choisir l'état métallique plutôt que l'état moléculaire. Tout cela mérite une discussion quantitative approfondie ; cependant, quelques faits simples sur les températures de fusion et d'ébullition des métaux alcalins montrent que la possibilité que l'hydrogène forme un métal n'est pas déplacée. Fait intéressant, la température d'ébullition de l'élément le plus lourd, le rubidium, est de 961 K et augmente à mesure que nous passons au potassium (1 032 K), au sodium (1 155 K) et enfin au lithium, qui bout à 1 615 K. Considérant la dépendance évidente à la masse et le fait que la diminution de masse du lithium à l'hydrogène est plus que sextuple, il devient immédiatement clair qu'un état métallique de l'hydrogène peut être possible en principe à plusieurs milliers de Kelvin. Cela ne signifie pas qu'il s'agit de l'état préféré, puisque, contrairement aux autres substances, l'hydrogène a toujours la possibilité de former une molécule. Cela suggère qu'une haute pression est nécessaire, mais une très haute pression peut produire un état liquide, même sur Terre.

Lorsqu'elles entendent parler pour la première fois de cet état métallique et de la pression nécessaire pour le former, certaines personnes, après avoir recherché sur Google la pression de la photosphère, refusent de discuter davantage du modèle de Robitaille en raison de la différence d'ordre de grandeur. Pour éviter de tomber dans ce piège, il est important de préciser ici qu'il n'y a *pas d'observations directes* – ni de pression ni de densité – dans toute l'atmosphère du Soleil. Ce que nous pouvons lire sur Wikipédia à propos de la densité et de la pression est nécessaire pour la cohérence avec le modèle solaire standard, mais ce n'est pas quelque chose que quiconque a mesuré. Bien sûr, je vais essayer de développer une image cohérente du modèle de l'hydrogène métallique liquide, mais cela doit être dit au préalable.

> *« Une fois qu'une théorie est établie par le système, ses fondements ne sont plus approfondis. » – Martín López Corredoira*

Remarquablement, des preuves de l'existence d'hydrogène métallique liquide ont été trouvées en 2017 par un groupe de recherche de Harvard.[44] Les chercheurs avaient utilisé un diamant pour générer des pressions extrêmement élevées de l'ordre de 400 Gigapascal (GPa).[1] Plus de 80 ans après leur proposition, Wigner et Huntington semblent avoir été justifiés, bien que certains contestent encore la validité de ces conclusions. Hélas, quiconque avait douté de l'état gazeux du Soleil, tel qu'établi au début du XXᵉ siècle, était mort depuis longtemps. Il est important d'adopter une telle perspective historique lorsque nous considérons les diverses possibilités de composition du Soleil. Il est compréhensible que parmi les découvertes révolutionnaires des années 1930, telles que les neutrons, les positrons et la fission nucléaire, l'idée théorique initiale sur la nature de l'hydrogène ait tout simplement été ignorée.

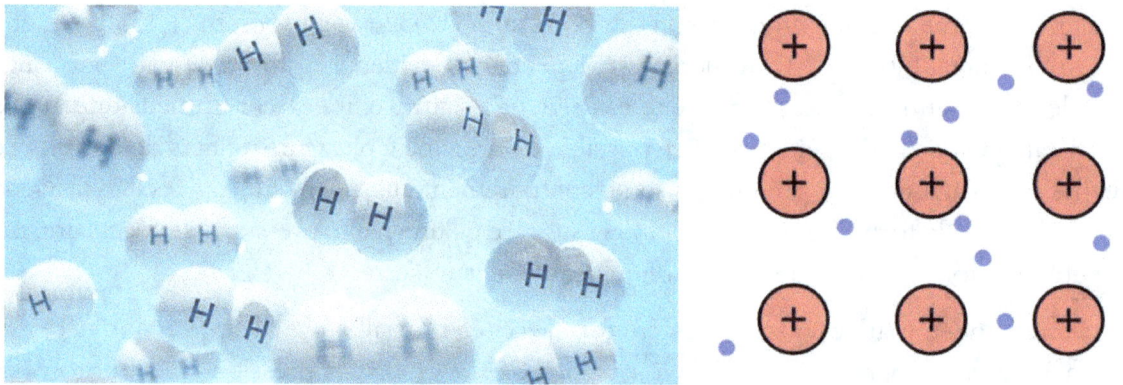

Figure 19. Image schématique de molécules d'hydrogène et d'un réseau métallique

La nécessité pour les troupeaux de choisir un chemin

Tragiquement, chaque fois que la communauté scientifique choisit d'emprunter une voie - dans ce cas, choisir entre un état liquide ou gazeux - elle ne revient presque jamais en arrière. La décision aurait pu être bien justifiée à l'époque, mais des preuves émergentes pourraient montrer plus tard qu'un autre modèle était beaucoup plus susceptible d'être vrai. À l'époque, il y avait un problème, mais aucune bonne option à poursuivre. Cependant, les immenses difficultés qui ont surgies lors du traitement du

---

[1] Un GPa (Gigapascal) signifie 10^9 N/m² et correspond à 10 tonnes par centimètre carré.

Soleil comme un plasma gazeux n'ont pas accru les doutes sur la voie choisie dans les années 1930, mais ont plutôt confirmé la conviction d'une communauté toujours plus nombreuse de scientifiques que leurs efforts au cours des décennies n'avaient pas été vain. La plupart des astronomes considèrent que l'hydrogène métallique dans la photosphère est intenable en raison de l'absence de pressions aussi élevées.

Pour revenir brièvement sur l'expérience de Harvard, il convient de mentionner qu'elle a été financée par la NASA car l'hydrogène métallique liquide pourrait exister à une pression beaucoup plus basse dans un état dit métastable. Cela permettrait la production de carburant de fusée avec une densité d'énergie spectaculaire. Ainsi, soit la NASA gaspille de l'argent sur une chimère, soit les astronomes ont négligé une possibilité intrigante pendant des décennies. Pourtant, c'est l'une des absurdités de la science moderne et fragmentée qu'un effet soit considéré comme un sujet de recherche brûlant dans un domaine et une idée grincheuse qui ne doit pas être discutée dans un autre champ spécialisé.

Ironiquement, les astronomes admettent même que l'état métallique liquide de l'hydrogène existe sur des planètes telles que Jupiter ou Saturne.[45] Selon les modèles, la transition d'un état gazeux à un état liquide se produit à environ la moitié de leur rayon, ce qui est parfaitement logique étant donné que l'immense pression gravitationnelle des couches supérieures provoque le changement de phase de l'hydrogène. Il faut garder à l'esprit que les planètes gazeuses comme Jupiter ne sont pas si différentes du Soleil : c'est simplement leur petite taille qui n'a pas permis à la réaction de fusion nucléaire de se déclencher dans leur cœur. Bien sûr, la dépendance à la température et à la pression de l'état liquide métallique doit être discutée plus en détail, mais il est immédiatement clair qu'en raison de la force gravitationnelle beaucoup plus élevée sur le Soleil, il n'est pas nécessaire d'aller bien au-delà de la surface pour atteindre la pression nécessaire.

Rappelons qu'un matériau liquide étendu n'a plus le défaut d'être constitué d'antennes de taille discrète. En tant que corps macroscopique, il peut éventuellement produire un spectre de corps noir. Les électrons qui ne sont plus liés à leur atome d'origine peuvent se déplacer librement et osciller sur des distances arbitraires. Cette disponibilité d'antennes de n'importe quelle longueur est cruciale pour l'émission des longueurs d'onde variant en continu qui forment un spectre de Planck. Puisqu'il peut émettre et absorber de la lumière de toute nature, un tel liquide est évidemment non transparent, ce qui a été observé pendant des décennies et a poussé les astronomes à postuler désespérément toutes sortes d'opacités. La surface de l'hydrogène métallique liquide doit en effet être identifiée à ce que nous appellons la photosphère[1] : l'endroit où est émise la quasi-totalité du rayonnement solaire. Nous en parlerons plus en détail au chapitre 6.

---

[1] Comme nous le verrons plus tard, avant de devenir entièrement métallique, un état semi-métallique, bien qu'avec un réseau, se forme. Vraisemblablement, la photosphère est constituée de cet état semi-métallique, ce qui n'affecte pas les arguments présentés ici en principe.

Chapitre 5

Le quantique entre en jeu :
Quand il est logique de former un réseau

Fait intéressant, si nous descendons au niveau atomique, le volume minimum requis pour une substance est déterminé par la nature des électrons, pas tellement par le noyau. L'une des découvertes les plus révolutionnaires de la physique quantique qui s'est développée dans les années 1920 était que la matière, c'est-à-dire les électrons, se comporte parfois comme des ondes. Dans sa légendaire thèse de doctorat de 1921, le physicien français Louis Victor de Broglie a prédit sur des bases théoriques que la longueur d'onde λ d'un électron obéirait à la relation :

$$\lambda = \frac{h}{mv},$$

où m représente la masse et v la vitesse, tandis que h désigne la célèbre constante de Planck. Comme c'est le cas avec les quanta de lumière, où une énergie élevée est associée à une fréquence élevée et à une petite longueur d'onde, la longueur d'onde d'un électron diminue également avec l'augmentation de la vitesse. Bien que cela semble quelque peu contre-intuitif, cela signifie que les électrons se déplaçant plus rapidement nécessitent moins d'espace. L'hypothèse audacieuse de de Broglie a cependant été confirmée par une expérience célèbre. En 1927, les physiciens Davisson et Germer ont montré la réfraction ondulatoire des électrons dans un cristal, un résultat sensationnel qui a valu un prix Nobel à de Broglie en 1929.[1] En marge, la découverte de de Broglie permet une très belle interprétation des orbites discrètes d'électrons dans le modèle atomique de Bohr. La plus petite orbite (ou première coquille) à la circonférence minimale est définie par le fait qu'exactement une longueur d'onde y rentre, tandis que la deuxième coquille, par exemple, correspond à une orbite de longueur 2λ.

---

[1] Plus tard, Davisson a reçu le prix Nobel de physique, en 1937.

Si nous considérons maintenant l'atome d'hydrogène à un proton et un électron, le volume occupé par ce dernier est approximativement proportionnel à la troisième puissance de sa longueur d'onde, V ~λ^3. Il est désormais clair que le volume d'un atome peut encore diminuer, mais à grands frais : la diminution de la longueur d'onde λ oblige l'électron à augmenter sa vitesse. Ceci, à son tour, conduit à une forte augmentation de l'énergie cinétique, qui est proportionnelle à son carré : $E = \frac{1}{2}mv^2$. Bien que nous n'ayons pas encore effectué de calculs quantitatifs, il est immédiatement clair qu'un processus qui modifie la structure même de la matière doit impliquer des forces énormes. Jusqu'à présent, la discussion s'applique également aux atomes et aux molécules d'hydrogène.

Dans l'hydrogène, l'énergie de liaison d'un électron est de 13,6 eV et le gain supplémentaire lors de la formation d'une molécule est de 4,74 eV, conduisant à une énergie de liaison totale de la molécule de 31,9 eV (pour deux électrons). Il s'agit d'une énorme quantité d'énergie et il est important de garder à l'esprit que nous parlons d'électrons individuels liés à leur noyau (deux noyaux dans le cas de la molécule). La compression de la substance conduirait à une augmentation de ces énergies.

La société du métal – partenariats d'électrons déterminés par la mécanique quantique

La connaissance des longueurs d'onde de de Broglie permet également de mieux comprendre l'état métallique. La masse volumique d'un métal résulte généralement d'un équilibre de forces. Les ions chargés positivement, c'est-à-dire les atomes du corps dépouillés de leurs électrons externes, se repoussent, de sorte qu'un petit espacement du réseau est coûteux en termes d'énergie. D'autre part, le nuage d'électrons qui se répartit sur l'ensemble du réseau est évidemment attiré par la coque nucléaire et gagne de l'énergie potentielle lorsque les distances entre les particules attractives, c'est-à-dire l'ensemble du réseau, deviennent plus petites. Un tel équilibre, associé à la structure cristalline du réseau et, bien sûr, à la masse du noyau correspondant, détermine la densité. Il est maintenant intéressant de réaliser une expérience de pensée sur le niveau d'énergie le plus bas d'un électron dans un tel métal. Nous pourrions associer ce niveau à une petite vélocité, mais ce serait un peu trompeur.

Étant donné la nature ondulatoire des électrons, l'énergie la plus faible correspond à la plus grande longueur d'onde qui peut – et c'est remarquable – atteindre des dimensions macroscopiques. Si vous tenez un morceau de métal de, disons, 5 centimètres dans votre main, ce diamètre correspond à la moitié de la longueur d'onde maximale, dans ce cas 10 centimètres - la même situation que dans une antenne ou une corde de violon à son état fondamental d'oscillation. Mais comparez cela aux dimensions atomiques. Alors que l'électron lié dans un atome d'hydrogène a une vitesse d'environ 2 200 km/s,[1] la vitesse devient pratiquement nulle lorsque l'électron occupe un volume important. Bien que tous les électrons d'un métal ne puissent pas bénéficier de cet effet, nous pouvons avoir l'intuition que les métaux peuvent entreposer des électrons à des niveaux d'énergie *très faibles*.

Malheureusement, il n'y a qu'un seul de ces états les plus bas qui, pour des raisons de mécanique quantique dont nous ne discuterons pas ici, peut être rempli de deux électrons, plutôt que d'un seul.[II] La longueur d'onde du deuxième état, correspondant à la première oscillation harmonique où deux demi-longueurs d'onde s'inscrivent dans le diamètre, est donc considérablement plus courte mais toujours de dimension macroscopique. Le jeu continue maintenant jusqu'à ce que tous les électrons disponibles soient « entreposer » dans des états d'électrons d'oscillations plus élevées.[III] Le fait qu'un morceau de métal soit tridimensionnel augmente considérablement les motifs d'ondes possibles mais ne fait aucune différence en principe. Tous les détails mis à part, le point clé ici est que les atomes peuvent choisir comment vivre ensemble en fonction de circonstances extérieures telles que la température et la pression. Dans certaines conditions, comme celles de la Terre, l'état moléculaire « familial » sera récompensé, tandis que les électrons peuvent préférer vivre à l'état métallique « communautaire » si le gain d'énergie dû à cette liberté est suffisant.

Le minimum d'énergie est l'objectif

Il est important de noter que bien que nous puissions percevoir les métaux comme étant incompressibles, de telles structures peuvent également diminuer leur volume sous une pression

---

[1] Il n'est pas tout à fait correct d'attribuer une vitesse à l'électron, mais cela illustre la relation d'énergie.

[II] Un état est occupé par 2 électrons de spin opposé. Le spin est encore une mystérieuse propriété de la matière.

[III] Le plus haut niveau obtenu est aussi appelé énergie de Fermi. Il y a une légère complication de cette image lorsque la longueur d'onde atteint l'ordre de l'espacement du réseau, ce qui conduit à une augmentation et une diminution respective de l'énergie en fonction de la phase de l'onde. Cet effet, y compris la discussion sur nos semi-conducteurs, n'est cependant pas pertinent pour nos objectifs ici.

externe. Dans le cas des atomes, une telle réduction de volume conduirait à une réduction correspondante de toutes les longueurs d'onde des électrons dans le métal. Jusqu'à présent, les deux « systèmes » comprenant le réseau métallique et l'état atomique/moléculaire semblent se comporter de manière similaire. Aux densités élevées, cet avantage devient évident lorsque l'état métallique commence à remplir ses niveaux d'énergie avec des électrons dispersés sur des distances macroscopiques. En revanche, l'état métallique souffre à faible densité car l'énergie de liaison moyenne d'un électron n'est que d'environ 5 eV. Les électrons d'un réseau, dans ce cas, ne s'approchent pas suffisamment des noyaux où ils bénéficieraient d'une énergie potentielle plus faible. Ainsi, dans des conditions normales, l'état métallique est éclipsé par l'état atomique ou même moléculaire, qui récompense chaque électron avec environ 15 eV. C'est pourquoi, dans des conditions de laboratoire sur Terre, l'état moléculaire est massivement préféré et met en lumière les difficultés qui ont empêché les expérimentateurs de produire de l'hydrogène métallique liquide pendant près de 100 ans.

Étant donné certains faits bien connus de la physique théorique, cependant, nous pouvons faire une estimation raisonnable des conditions dans lesquelles l'état métallique est énergétiquement préférable à l'état moléculaire. La figure 20 montre un tel calcul approximatif. À des densités supérieures à 420 kg/m³, l'état métallique est préféré en raison de sa plus faible énergie. Le même fait est exprimé en termes de volume par quantité de substance : l'état métallique (bleu) est énergétiquement avantageux si le volume d'une particule est inférieur à 0,22 l/mol (le volume qu'un atome remplit dans des conditions normales).

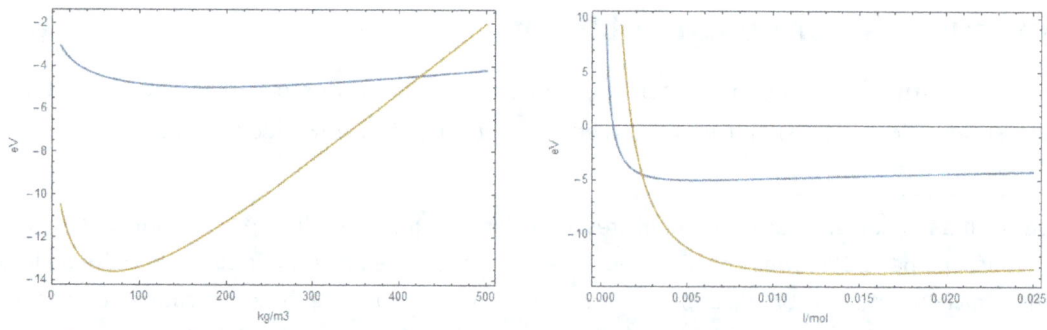

Figure 20. Calculs de Unzicker (2023).[46] Énergie de liaison en électronvolts (eV) en fonction de la densité (à gauche) et du volume (à droite) pour l'état métallique (bleu) et atomique (jaune)

En raison d'hypothèses simplifiées, ce résultat ne peut indiquer que l'ordre de grandeur de la transition respective. Cependant, les calculs montrent clairement que des densités élevées favorisent l'état métallique. Cela devrait être considéré comme une preuve de concept qu'une telle transition peut se produire. En appliquant les relations bien connues entre densité et pression, la pression nécessaire au passage à la phase métallique peut également être estimée. Encore une fois, un calcul assez simple montre que d'énormes pressions de l'ordre de 550 GPa sont nécessaires pour passer de la phase moléculaire à la phase métallique.

Ceci est en effet en accord avec les découvertes récentes du groupe de Harvard mentionné précédemment, qui pour la première fois semblait avoir observé la transition de phase dans un laboratoire. La pression produite entre les enclumes en diamant devait être élevée à environ 700 GPa. Ainsi, l'existence de cet état semble avoir été prouvée expérimentalement, même si certains ont argumenté sur la méthode. Cependant, même pour des raisons relevant des lois élémentaires de la physique, une transition de l'hydrogène habituel à la forme métallique exotique doit se produire. Nous verrons bientôt que cela a du sens dans le cas du Soleil.

Pressé dans un autre état

À partir des résultats ci-dessus, nous pouvons calculer quelle pression est nécessaire pour que l'état métallique soit préféré à l'état moléculaire. Étant donné que chaque couche d'hydrogène moléculaire exerce une pression hydrostatique (c'est-à-dire due à la gravité) sur les couches inférieures, nous pouvons même calculer la hauteur de la couche d'hydrogène moléculaire nécessaire à la transition vers l'hydrogène métallique, qui peut émettre sous forme de corps noir et est donc un candidat raisonnable pour constituer la photosphère. Les couches ci-dessus, constituées d'hydrogène moléculaire largement transparent, devraient alors correspondre à ce que nous appelons la chromosphère.

Nous examinerons plus tard d'autres preuves à l'appui du modèle de Robitaille, en particulier les preuves spectroscopiques. Cependant, la figure 21 (à gauche) montre déjà un problème auquel nous devons consacrer une certaine attention et qui mérite un examen plus approfondi. Si nous partons de l'état moléculaire (ligne jaune) et que nous augmentons la pression, il faut en effet aller jusqu'à 550 GPa avant d'atteindre une densité de 420 kg/m^3, à partir de laquelle l'état métallique commence à se former, un processus que nous pouvons visualiser en nous dirigeant vers la courbe bleue ci-dessus. La pression ne peut pas augmenter davantage car, avec une densité croissante, le matériau nécessite moins de volume, ce qui conduirait à une diminution de la pression. Ainsi, la ligne verte de la figure 21 (à gauche) représente une région dans laquelle les deux phases, métallique et moléculaire, coexistent, semblable à de l'eau bouillante sous pression, où un équilibre entre le liquide et la vapeur se forme. Un tel état diphasique hypothétique avec des taux de conversion mutuellement égaux peut en effet se produire dans une région où la pression hydrostatique atteint 550 GPa. Comme pour l'eau bouillante, une dynamique complexe et turbulente est attendue. Il y a de bonnes raisons de supposer que cette surface est bien celle de la photosphère. Nous y reviendrons dans les chapitres 6 et 7.

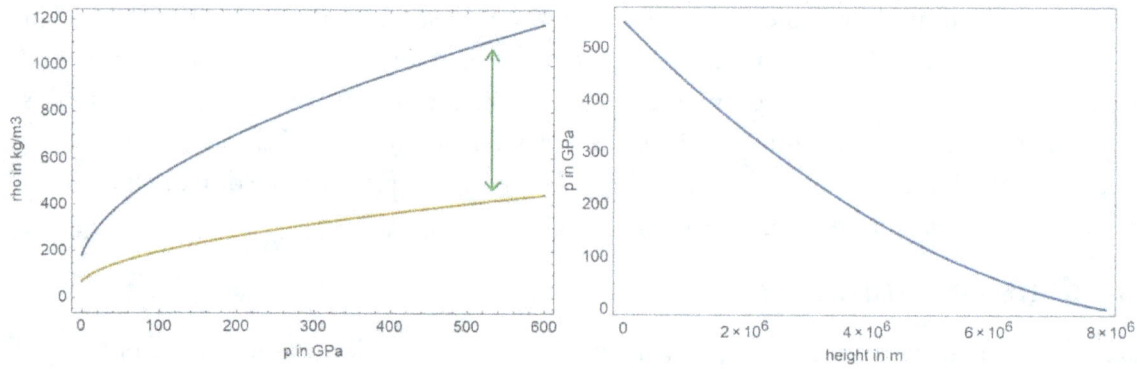

Figure 21. À gauche : Densité en fonction de la pression pour les états moléculaire (jaune) et métallique (bleu).[47]   À droite : Pression chromosphérique en fonction de la hauteur, suggérant une hauteur de la chromosphère d'au moins 6 000 km

Une autre caractéristique intéressante du calcul ci-dessus est qu'il peut prédire l'épaisseur de la couche d'hydrogène moléculaire nécessaire pour générer la pression de transition. Par intégration hydrostatique, c'est-à-dire en additionnant le poids d'une colonne verticale de matériau et en calculant la pression exercée par celle-ci sur le fond, nous obtenons une épaisseur d'une telle couche moléculaire d'environ 8 000 km. Cette couche d'hydrogène moléculaire liquide comprimée doit être identifiée avec ce que nous appelons habituellement la chromosphère. Nous pouvons considérer la chromosphère comme un océan transparent qui recouvre la photosphère, mais au lieu d'être constituée d'eau, elle est constituée d'hydrogène moléculaire liquide.[1] Compte tenu de l'approche sommaire mise en œuvre ici, l'accord numérique est satisfaisant puisque des raies chromosphériques ont été observées jusqu'à 10 000 km, bien que leur épaisseur soit généralement supposée plus faible. À cet égard, il y a eu une certaine tension dans le modèle solaire standard, comme en témoigne un commentaire donné par le célèbre astronome Harold Zirin :[48]

> *Il y a des années, les journaux étaient remplis de discussions sur « la hauteur de la chromosphère ». Il était clair que la hauteur à l'échelle apparente de 1 000 km dépassait de loin celle de l'équilibre hydrostatique. Dans les temps modernes, une solution pratique a été trouvée : le déni. Bien que n'importe qui puisse mesurer sa hauteur avec une règle et la trouver s'étendant jusqu'à 5 000 km, la plupart des publications indiquent qu'elle devient la couronne à 2 000 km au-dessus de la surface. Nous ne pouvons pas expliquer la grande hauteur ou les modèles erronés... Alors que les modèles disent 2 000 km, les données disent 5 000 km.*

Bien que le modèle simplifié ci-dessus ne soit pas précis non plus (probablement en raison de la négligence d'autres états de la matière), il est clair qu'il correspond suffisamment aux observations, peut-être même mieux que le modèle solaire standard. Cette image très simplifiée montre cependant clairement que la physique de deux états différents peut déjà conduire à des phénomènes dynamiques très intéressants, qui sont probablement extrêmement difficiles à modéliser en détail. Pour cette raison, dans le chapitre suivant, nous essaierons de comprendre ce que la physique a appris jusqu'à présent sur les différentes phases et comment ces phases se transforment les unes dans les autres.

Encore un autre état de la matière

Cependant, il y a une autre mise en garde à aborder. Nous n'avons pas prouvé que les états moléculaires et métalliques sont les seuls possibles. En fait, dans le modèle simple décrit ci-dessus, qui supposait une compression du liquide moléculaire, les molécules alors plus petites subiraient un changement dans leurs niveaux d'énergie - quelque chose qui n'est pas observé. Il est donc probable

---

[1] Au-dessus de cette chromosphère constituée d'un liquide comprimé se trouve une véritable région gazeuse décrite par la formule barométrique. Nous devrions l'identifier avec la couronne inférieure.

que le passage de l'état moléculaire à l'état métallique se fasse avec une ou plusieurs phases intermédiaires, dites « semi-métalliques ». J'expliquerai bientôt ce que cela signifie.

Dans leur article historique de 1935, Wigner et Huntington ont déclaré :

> « *La modification centrée sur le corps de l'hydrogène ne peut pas être obtenue avec les pressions actuelles, pas plus que les autres réseaux métalliques simples. Les chances sont meilleures, peut-être, pour les réseaux intermédiaires, en couches.* »

La métallicité fait référence à la mobilité des électrons et une telle mobilité peut se développer en plusieurs étapes. Par exemple, un réseau de graphite est constitué de couches hexagonales d'atomes (de carbone) qui peuvent glisser les unes par rapport aux autres. Les électrons dans un tel réseau sont libres de se déplacer dans la couche hexagonale respective, c'est-à-dire en deux dimensions, tandis que leur mouvement dans la troisième direction, orthogonale aux couches, est entravé. En fait, le graphite est un semi-métal dans le sens où sa conductivité se situe entre celle d'un métal et celle d'un isolant. En chimie, l'hydrogène est souvent appelé le « petit cousin » du carbone, et il n'y a a priori aucune raison pour que l'hydrogène ne forme pas un tel réseau. En principe, il existe même plusieurs types de réseaux possibles, différant par la conductivité électrique et l'émissivité lumineuse.

À la lumière de ce que nous avons appris sur les propriétés d'émission de la photosphère, il est fort probable qu'un tel état semi-métallique intermédiaire se forme et, étant donné qu'il est capable d'émettre un rayonnement de corps noir, est encore un candidat plus approprié pour la photosphère que l'état métallique lui-même. Il faut aussi garder à l'esprit que le graphite est un corps noir presque idéal, donc une telle structure reproduirait un spectre solaire encore meilleur qu'un métal.

Ainsi, les résultats ci-dessus ont été obtenus en utilisant des hypothèses simplifiées ; par conséquent, ils doivent être pris avec un grain de sel. Ils conservent leur validité dans la mesure où l'état métallique est nécessairement préféré à certaines conditions, mais le passage à cet état peut bien impliquer d'autres réseaux qui nécessitent une modélisation plus détaillée.

Il y a un autre malentendu possible que nous devons résoudre, car de nombreux scientifiques sont sceptiques quant au modèle de l'hydrogène métallique, car il concerne un *réseau*. Le réseau métallique et semi-métallique ne sont pas équivalents à un solide. De plus, l'état liquide, dans lequel les particules changent continuellement leurs particules voisines, peut soutenir de telles structures. L'eau liquide, par exemple, est une phase carrément définie par des ponts hydrogène, c'est-à-dire une structure en forme de réseau. Néanmoins, ses molécules peuvent rapidement changer de position sans affecter le gain énergétique global des liaisons. Bien qu'il y ait un mouvement durable, à chaque instant, les molécules respectives forment un réseau. La même chose peut arriver avec l'hydrogène.

Un phénomène très intéressant se produit lorsque l'eau subit une pression massive : une photographie prise lors d'un des essais d'une bombe atomique montre que l'eau au voisinage de l'explosion est devenue noire et opaque. Évidemment, l'eau liquide change d'opacité sous la pression. Nous savons qu'elle absorbe comme un corps noir dans la gamme des micro-ondes, probablement en raison d'un « réseau » de couches hexagonales. Comme la longueur des liaisons hydrogène diminue sous pression, l'eau devient également un corps noir même dans le domaine optique.

Figure 22. Image d'une explosion atomique sous-marine (essai nucléaire de l'atoll de Bikini, 1946). Un anneau noir entourant la zone d'explosion est clairement visible. Évidemment, l'eau perd sa transparence sous haute pression. [49]

Chapitre 6

La surface du Soleil :
Une transition de phase vers l'état métallique

Dans ce chapitre, nous devons à nouveau dévier un peu afin d'acquérir une compréhension plus profonde du Soleil et d'imaginer quels types de processus se produisent vraisemblablement à sa surface. Nous reviendrons donc sur quelques notions de base des dynamiques complexes pour évaluer les conditions dans lesquelles elles peuvent se développer. Comme nous le verrons dans la partie III, il y a de bonnes raisons de supposer que cela est nécessaire pour comprendre ce que nous observons.

Il existe de nombreux arguments valables selon lesquels le Soleil est constitué d'hydrogène métallique liquide, mais nous savons également que dans des conditions normales, l'hydrogène préfère l'état atomique ou moléculaire. Alors, comment une telle transition se produit-elle exactement ? Comme cette question s'avérera très complexe, nous devons porter un regard plus général sur la manière dont la matière s'organise. L'analogue le plus proche de la transition ci-dessus est ce que nous appelons une transition de phase en thermodynamique classique.

La physique a réalisé quelque chose dans la compréhension du comportement des phases qu'il est utile de raconter. Étant donné que la pression et la température déterminent l'état de la matière, nous examinerons de plus près ce que nous savons de ces dépendances. Habituellement, les résultats sont affichés dans un diagramme dit de phase, avec un axe indiquant la pression et l'autre la température (voir figure 23). Pour commencer avec une substance que nous connaissons tous, considérons l'eau (H_2O), qui ne peut adopter que trois phases : solide (glace), liquide (eau) et gazeux (vapeur). Ne nous soucions pas des subdivisions, pour le moment.

Comme c'est intuitif, l'eau existe toujours sous sa forme solide à basse température. Or, à basse pression, la glace s'évapore directement sans passer par la phase liquide, qui ne peut exister qu'au-dessus d'une pression de 400 Pa et d'une température d'environ 273 K (0 °C). La très haute pression peut toujours comprimer l'eau à l'état solide (bien sûr, cela est limité aux régions de température dans lesquelles la molécule ne se brise pas encore). Comme le montre la figure 23, les diagrammes de phases sont devenus un outil utile pour les physiciens.

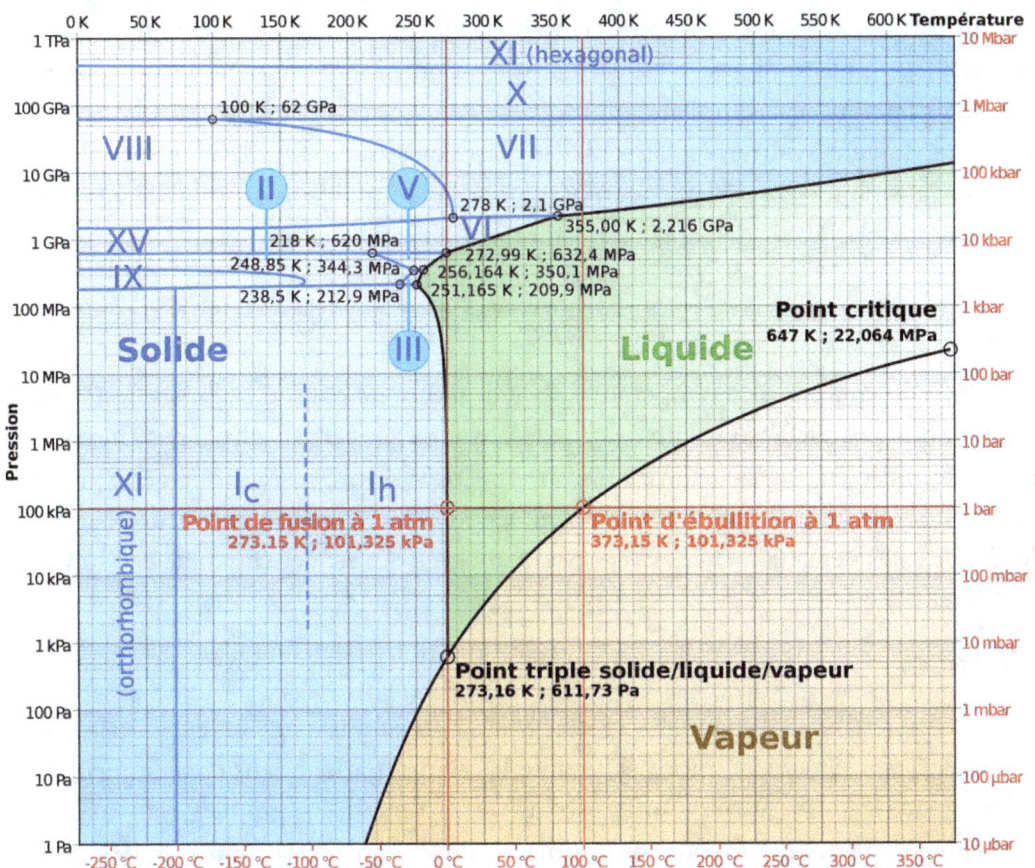

Figure 23. Diagramme de phases de l'eau (H$_2$O). Sous une forte pression, différents réseaux se forment. Attention à l'échelle logarithmique

Il existe une ligne distincte qui sépare les phases gazeuses des phases liquides, chaque point représentant une paire de conditions de température et de pression dans lesquelles l'eau peut exister en deux phases. Cependant, cette ligne se termine à un point au-dessus duquel aucune distinction raisonnable ne semble possible entre un liquide et un gaz. Remarquablement, les théoriciens ont pu développer une compréhension précise de la raison pour laquelle cela peut être.

Le point de départ est une loi élémentaire de la physique qui décrit le comportement d'un gaz parfait, c'est-à-dire un gaz suffisamment mince dans lequel l'interaction de ses particules peut être négligée. La température d'un tel idéal (un atomique) n'est rien d'autre que l'énergie cinétique moyenne d'une particule, tandis que la pression peut simplement être calculée à partir de la force qui s'exerce sur les parois contenantes qui doivent résister et réfléchir les particules qui rebondissent sur elles. Nous pouvons montrer que dans un tel gaz parfait, la température est presque proportionnelle à la pression, qui est à son tour proportionnelle à la densité, c'est-à-dire aux particules par volume. Ceci est exprimé dans l'équation

$$PV = NkT$$

où P est la pression, V le volume, T la température, N le nombre de particules et k la constante dite de Boltzmann.[1] La loi des gaz parfaits est l'un des outils physiques les plus utiles à des fins pratiques et décrit une large gamme d'états gazeux avec une bonne précision. Aussi, pour cette raison, les modélisateurs étaient impatients de l'appliquer au Soleil. Cependant, l'équation s'écarte de la réalité à des pressions élevées et à des densités élevées correspondantes, ce qui est cependant le cas suivant que nous devons considérer.

Simple et efficace

En 1911, le physicien néerlandais Johannes van der Waals a développé une extension simple de la loi des gaz parfaits qui prédit de manière impressionnante le comportement dans ce régime, quelle que soit la substance concrète. Van der Waals a supposé que le volume des particules elles-mêmes doit être soustrait du volume disponible V, tandis qu'en même temps l'attraction mutuelle des particules

---

[1] $k = 1{,}38 \cdot 10^{-23}$ J/K transforme simplement l'unité de température en énergie.

diminue la pression globale. Ce dernier effet, également appelé forces de van der Waals, est proportionnel à l'inverse du carré du volume, transformant la loi ci-dessus en

$$\left(p + a\frac{N^2}{V^2}\right)(V - b) = NkT$$

De toute évidence, b désigne le volume occupé par les molécules de la substance respective, tandis que a est une mesure d'attraction entre ces molécules. L'équation de van der Waals, avec les constantes matérielles appropriées a et b, décrit la transition de phase de l'état liquide à l'état gazeux et les limites de phases correspondantes avec une précision remarquable. La figure 24 représente un autre type de diagramme dans lequel la dépendance de la pression p et du volume V est affichée pour trois températures différentes, la plus basse correspondant à l'eau bouillante dans des conditions atmosphériques. Comme nous le savons, il existe un équilibre entre les molécules s'évaporant de la phase liquide vers la phase gazeuse et, d'autre part, les molécules de la vapeur se condensant dans le liquide. Ce régime à deux états est représenté par la ligne horizontale coupant le graphique, reliant ainsi la phase purement gazeuse (grand volume) à droite à la phase liquide pure à gauche.

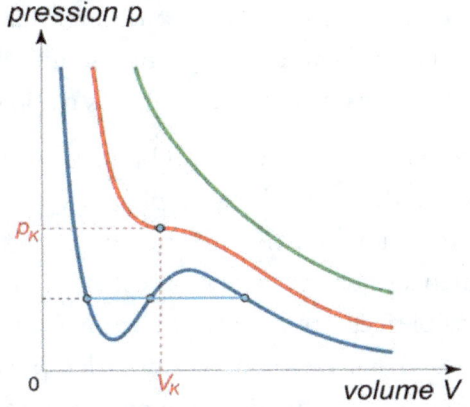

Figure 24 : Diagramme reliant la pression et le volume ; les lignes respectives représentent des températures constantes. En pratique, la courbe bleue est remplacée par la ligne droite, qui décrit le régime à deux phases, bien que des retards métastables dans la transition de phase puissent se produire dans les limites de la courbe.

Pour les lecteurs qui aiment les mathématiques, la déviation dans le graphique le plus bas provient du fait que l'équation ci-dessus, après avoir été multipliée par V^2, devient un polynôme du troisième degré dans le volume V. Quoi qu'il en soit, van der Waals a prédit à partir de ces considérations purement théoriques que la bosse dans la courbe disparaît à une certaine température (représentée en rouge) qui s'appelle la ligne critique. Comme nous pouvons le voir, il n'y a plus coexistence des états liquide et gazeux au-dessus de cette température dite critique. C'est exactement ce que nous avons observé. La caractéristique apparemment non motivée de la figure 24 est une conséquence nécessaire des propriétés élémentaires de la matière.

Au-dessus de la température critique la distinction entre les phases liquide et gazeuse n'a plus de sens, l'état d'agrégation correspondant est également appelé fluide. Ainsi, les conditions que nous observons sur Terre où l'eau bout à 100 °C sont uniques. Des pressions plus élevées augmentent la température d'ébullition. Généralement, lorsque les forces de van der Waals sont fortes, une substance a tendance à se condenser plus facilement, mais une fois à l'état liquide, elle peut difficilement être comprimée au-delà du volume nécessaire à ses particules, ce qui est plutôt évident. Si la pression générée par la température est suffisamment élevée, cependant, les particules ne se soucient plus des forces légères les invitant à se condenser car l'état est dominé par des collisions violentes à haute vitesse. Fait intéressant, sur un tel chemin autour du point critique, la vapeur peut être transformée en eau liquide sans qu'une frontière visible entre les deux phases n'apparaisse à aucun moment.

La théorie de van der Waals fonctionne extrêmement bien, mais malgré la compréhension théorique presque complète, certains aspects des transitions de phases vous épatent. Imaginez un volume de vapeur mis sous pression (ou refroidi) qui doit former des gouttelettes d'eau quelque part. Mais comment décider par où commencer quand la situation est symétrique en tous points ? Il s'avère que de manière totalement imprévisible, les gouttelettes se formeront à certains endroits, ce que nous appelons la brisure de symétrie - l'une des conséquences les plus étonnantes d'une loi théorique relativement simple qui a conduit au domaine de la dynamique complexe, également connue sous le nom de théorie du chaos. Nous pourrions approfondir les implications philosophiques, mais en ce qui concerne le Soleil, le but était de donner au lecteur un aperçu de la complexité des phénomènes auxquels il faut s'attendre une fois que nous entrons dans la physique des différents états de la matière.

Malheureusement, ou si vous préférez, ce qui est intéressant, c'est que la situation dans le Soleil n'est même pas aussi *simple*. Alors que la théorie de van der Waals sera utile pour les parties extérieures de l'atmosphère solaire, ses hypothèses ne sont plus valables lorsque nous rencontrons les conditions extrêmes qui se produisent lorsque l'état moléculaire (déjà liquide) se transforme en état métallique. La compression d'un gaz ou d'un liquide en un volume encore plus petit dépasse évidemment le domaine de validité de la théorie de van der Waals. Nous nous sommes heurtés, pour ainsi dire, à un mur. Les complications décrites ci-dessus ne sont donc qu'un aperçu de ce qui pourrait se passer dans ce régime de haute pression et de haute température que nous sommes incapables de produire sur Terre.

La substance unique de l'hydrogène

Commençons par évaluer la situation avec ce que nous pensons être connu de l'observation - je formule cela avec précaution car, en plus des expériences, certaines hypothèses théoriques sont déjà entrées dans le diagramme de phases suivant de l'hydrogène, qui est considérablement plus compliqué. Ceci est une conséquence de la propriété unique de l'élément chimique le plus léger d'apparaître non seulement dans différentes phases (solide-liquide et gaz) mais dans différents états (atomo-moléculaire et métallique). Contrairement à la figure 23, le diagramme de la figure 25 affiche la pression sur l'échelle horizontale et la température sur l'échelle verticale. Puisqu'une très large gamme de ces variables doit être décrite, la valeur logarithmique des grandeurs est donnée. Par exemple, le point ($\log p \mid \log T$) (9 | 3) dans la région du fluide moléculaire signifierait une pression de 10^9 Pa et une température de 10^3 =1 000 K.

En regardant le coin inférieur gauche du diagramme, le comportement attendu, qui s'apparente à celui de l'eau, peut être trouvé. À basse pression et température modérée, nous observons une transition moléculaire gaz/liquide, y compris le point critique discuté ci-dessus. Il n'est pas difficile d'imaginer que le fluide moléculaire se transformerait en un fluide atomique lorsque la température augmenterait. Nous avons déjà expliqué qu'une énergie cinétique supérieure à 4,74 eV provoque la rupture de la liaison entre les deux atomes d'hydrogène. Un phénomène semblable se produit à des températures encore plus élevées : les atomes se décomposent en leurs constituants protons et électrons lorsque l'énergie cinétique atteint un niveau d'ionisation de 13,6 eV. Comme les particules sont des ions, nous parlons maintenant de plasma.

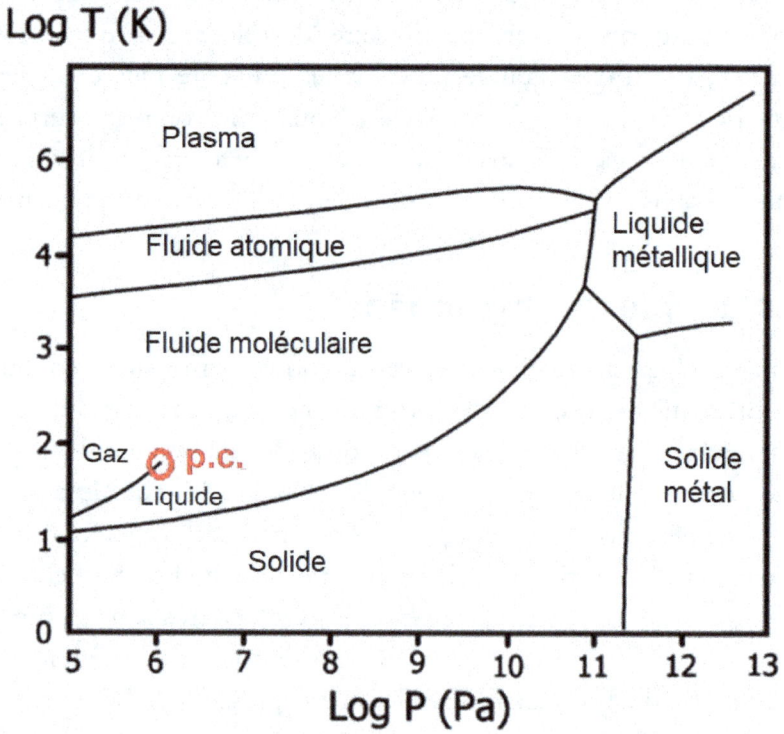

Figure 25. Diagramme de phases étendues d'hydrogène. Vraisemblablement, un ou plusieurs états semi-métalliques manquent.

La partie intéressante du diagramme se trouve à droite, à très haute pression. La phase liquide métallique semble possible à 5 800 K (correspondant à Log T= 3,76) et environ 100 GPa. C'est la pression que le poids d'un camion exercerait sur un millimètre carré. Il faut mentionner ici que ce diagramme n'est pas seulement un croquis très brut et approximatif des régions respectives (les solides moléculaires peuvent également être subdivisés en différentes structures) mais doit être pris avec un grain de sel en ce qui concerne ses déclarations quantitatives. Plus la pression est élevée et plus la température est élevée, plus il devient difficile de réaliser les conditions correspondantes dans les laboratoires sur Terre. Ainsi, il existe très peu de points de données fiables pour confirmer les frontières apparemment précises entre les régions. Cela est particulièrement vrai dans la région supérieure droite, qui est précisément la zone d'intérêt pour le Soleil et s'appuie fortement sur la modélisation théorique. Puisque l'hydrogène est un système relativement simple, il y a pourtant de bonnes raisons de croire aux lois sous-jacentes de la nature, telles que les longueurs d'onde de Broglie et la structure globale affichée sur la figure 25 est certainement raisonnable, du moins d'une manière qualitative.

Comme un lecteur attentif l'a peut-être remarqué, le diagramme de phase de la figure 25 ne contient même pas les états semi-métalliques possibles, probablement parce qu'il n'y a pas de données d'observation. Nous pouvons cependant nous attendre à ce qu'un ou plusieurs états intermédiaires apparaissent dans la région de la frontière, vraisemblablement autour de 10^{10}-10^{11} Pa et 10^3-10^4 K, sans toucher directement l'état plasma.

La métastabilité et ce qu'elle peut causer

Hélas (combien de fois l'ai-je déjà dit ?), le monde réel est encore plus compliqué. Le diagramme de phases que nous avons considéré ci-dessus est, malheureusement, une version simplifiée de quelque chose qui est encore plus sophistiqué dans la pratique. Nous avons déjà évoqué le phénomène de brisure de symétrie qui se produit lorsqu'une substance doit subir une transition de phase. En pratique, la véritable condensation commence là où il y a une raison, c'est-à-dire une contamination qui agit comme un noyau de condensation. Si de telles substances sont absentes, le processus de condensation peut être considérablement retardé. De même, l'eau chimiquement propre peut subir un retard d'ébullition de plusieurs degrés jusqu'à ce qu'elle commence à s'évaporer dans une transition dangereuse semblable à une explosion, mais cela peut également se produire avec de l'eau du robinet dans le four à micro-ondes lorsque des bulles se forment soudainement. De plus, le passage à la phase solide, la congélation, peut être considérablement retardé compte tenu d'une température nettement inférieure au point de congélation. Cela peut être démontré avec un verre d'eau dans un congélateur qui se transforme soudainement en glace lorsqu'il est perturbé par une légère commotion.

Un autre exemple intrigant de métastabilité est le diamant, une structure formée d'atomes de carbone sous haute pression. Lors de la libération de la pression, les diamants peuvent rester stables dans des conditions normales pendant une longue période, bien que la disposition des atomes de carbone dans une couche de graphite soit énergétiquement préférable (et beaucoup moins chère).

Bien que les effets de la transition de phase retardée aient été mesurés avec une bonne précision, la théorie a du mal à décrire quantitativement ces phénomènes. Il n'y a qu'un seul nom pour eux : la métastabilité. Compte tenu de cette réalité, presque tous les diagrammes de phases sont incomplets. Au lieu d'une frontière, chaque région de transition devrait plutôt être caractérisée comme un chevauchement de domaines voisins. Lorsque nous discutons de la transition de l'hydrogène moléculaire à l'hydrogène métallique et vice versa, nous devons également tenir compte de cette possibilité. Nous ne pouvons que spéculer à quel point les régions respectives du diagramme de phases sont étendues, en fonction des directions de la transition. Ce qui est certain, cependant, c'est que la métastabilité rend les transitions de phase plus brusques, puisque l'énergie entreposée est libérée en un instant.

Pour mieux comprendre la métastabilité, nous devons souligner une autre distinction. Gardez à l'esprit que le phénomène déjà complexe de transition de phases dans l'eau s'est produit sans que la molécule individuelle subisse le moindre changement. En fait, il serait absurde de dire qu'une molécule est à l'état solide, liquide ou gazeux.[1] Dans un régime biphasique, chaque molécule peut décider individuellement de quelle phase elle préfère et le fera en fonction de son désir d'être dans un état d'énergie minimale. Ce n'est pas le cas si nous parlons d'un métal. Être une molécule ou ne pas être ! Transformer une quantité d'hydrogène de l'état moléculaire à l'état métallique signifie changer la structure entière des liaisons respectives. Contrairement à une transition de phases classique telle que la vapeur à l'eau, le passage de l'hydrogène moléculaire à l'hydrogène métallique doit être appelé une transition d'état. Cette différence ne peut cependant que renforcer le phénomène de métastabilité.

Ainsi, il est raisonnable d'affirmer que la métastabilité est plus prononcée dans l'hydrogène métallique liquide que dans les transitions de phases classiques (c'est probablement pourquoi la NASA

---

[1] Il en va de même pour les atomes, bien que la scission d'une molécule d'hydrogène (et non d'eau) soit quelque chose de différent.

dépense de l'argent pour de telles recherches). Imaginez l'hydrogène moléculaire sous pression qui est continuellement augmenté jusqu'à ce que la substance dans son ensemble soit mieux à l'état métallique. Cependant, il faudrait une énorme énergie d'activation pour que la molécule individuelle rompe ses liaisons et se recombine en une structure entièrement différente, en particulier lorsque des atomes ou des molécules voisines ne semblent pas prêtes à le faire. Il en va de même pour le processus inverse. Dans un métal, les électrons sont complètement libres et séparés de leurs noyaux. Lorsque la pression est continuellement relâchée jusqu'à ce que l'état moléculaire soit préférable pour l'ensemble entier, le proton unique aurait besoin d'une quantité considérable d'énergie d'activation pour sortir du réseau, saisir un électron et éventuellement rembourser l'investissement lors de la formation de la liaison atomique. Au total, il y a un plus grand obstacle à surmonter que dans la transition de phases habituelle.

Hystérésis, turbulence et convection de Bénard

Des processus tels que les transitions de phases ou les transitions d'état encore moins connues, qui sont loin d'un équilibre thermodynamique, sont notoirement difficiles, voire impossibles, à modéliser. Cependant, il serait certainement raisonnable de supposer que si la métastabilité est à l'œuvre, des transitions violentes qui libèrent des quantités massives d'énergie doivent se produire. De tels phénomènes provoqueraient une convection considérable au niveau de la photosphère, c'est-à-dire à la frontière entre les états liquide et gazeux. L'hydrogène métallique liquide, qui peut certainement exister sous la surface, pourrait remonter dans certaines régions et s'évaporer, tandis qu'une région adjacente, la phase gazeuse pourrait être entraînée si profondément dans le Soleil qu'elle se retransforme à l'état métallique liquide. Cela correspond à la situation que nous avons évoquée à la figure 21. Un tel comportement collectif ressemble à ce que nous appelons la convection de Bénard : si une fine couche d'huile est chauffée dans une casserole, la nécessité de transporter de la chaleur fait que l'huile forme un motif polygonal avec un courant ascendant au centre du polygone et un mouvement descendant sur les bords. Curieusement, c'est ce que vous voyez lorsque vous regardez la surface du Soleil.

Avant de porter notre attention sur les motifs à la surface solaire, considérons l'aspect « habituel » de la convection de Bénard. C'est déjà un processus compliqué, même s'il n'implique pas de transition de phases. La convection de Bénard se produit spontanément chaque fois que le gradient de chaleur (la différence entre le bas et le haut de la couche de surface) est trop grand pour que la chaleur soit transportée par conduction pure. Lorsque la substance ressent la nécessité de transporter beaucoup d'énergie, alors un nouveau mécanisme plus efficace est nécessaire. Il est important de noter que la convection de Bénard est un processus piloté par la surface et, par conséquent, *il faut avoir une surface réelle si nous voulons supporter un tel comportement.*

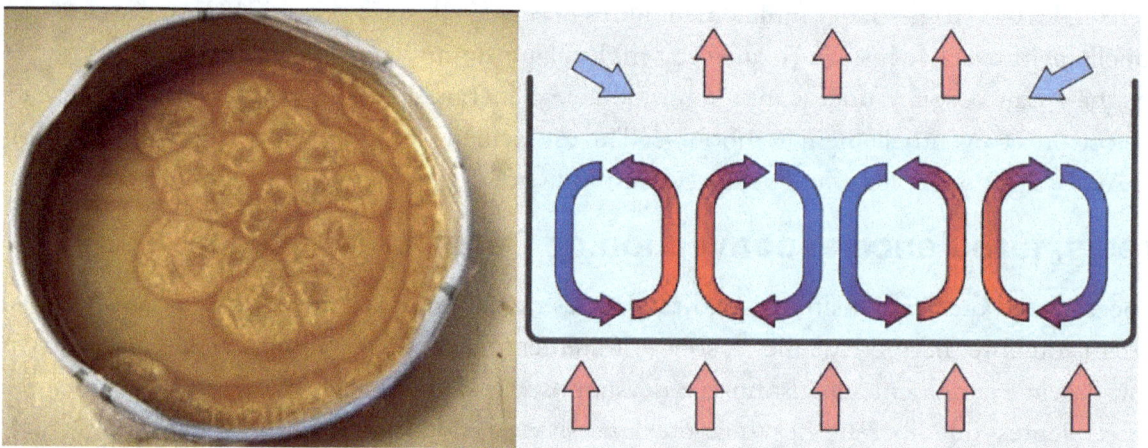

Figure 26. Convection de Bénard dans un liquide (à gauche) ; visualisation schématique du transport de chaleur (à droite)

Comme nous le verrons dans le chapitre suivant, quelque chose de très analogue semble se produire à la surface du Soleil – du moins c'est ce que les preuves suggèrent. Même Wikipédia, tout en se concentrant sur le modèle grand public, mentionne le Soleil dans l'article sur la convection de Bénard. Un seul problème : cet effet n'a jamais été observé dans un gaz ! C'est un phénomène typique des liquides, et bien sûr, le modèle solaire standard ne peut pas expliquer l'apparition d'une surface aussi distincte. Cela étant dit, la transition possible de l'hydrogène métallique ou semi-métallique à l'hydrogène moléculaire à la surface solaire est non seulement plus compliquée mais aussi plus violente que les transitions de phases « habituelles » que nous avons tendance d'étudier dans nos laboratoires. En raison du fait que les quantités macroscopiques doivent subir un changement structurel et que, par conséquent, d'énormes quantités d'énergie sont libérées au cours du processus, la transition devrait être un phénomène à grande échelle, très turbulent et audacieux. Il y a aussi un argument quantitatif pour soutenir ce point de vue.

Malgré la différence entre une transition de phase classique, telle que la vapeur à l'eau, et une transition d'état, comme celle de l'hydrogène moléculaire à l'hydrogène métallique, il existe une analogie profonde entre ces processus. Dans les deux cas, une certaine quantité d'énergie est nécessaire pour passer d'un état/phase à l'autre. Pour faire fondre de la glace, par exemple, il faut apporter de l'énergie correspondant à un échauffement de 80 K et pour transformer de l'eau bouillante en vapeur, il faut 2 256 J/g, correspondant à 540 K ! Cependant, il s'agit d'une légère brise par rapport à l'orage auquel nous pouvons nous attendre lorsqu'une transition d'état de l'hydrogène métallique à l'hydrogène moléculaire se produit. Comme nous pouvons le voir sur la figure 20, le renouvellement d'énergie approximatif par particule est d'environ 5 eV, correspondant à près de 60 000 K ! Ainsi, si cette transition a bien lieu à la surface du Soleil, nous pouvons imaginer un océan bouillonnant 100 fois plus violemment que de l'eau en ébullition, avec une métastabilité en plus. Le modèle de l'hydrogène métallique liquide peut sans doute fournir des explications à des processus d'une véhémence inimaginable que la physique solaire a bien du mal à décrire, comme nous le verrons au chapitre suivant.

Avons-nous la bonne méthode ?

Le but de ce chapitre était de montrer quelle variété peut être attendue des différents états et phases de l'hydrogène. Il est probable que des phénomènes turbulents et chaotiques puissent survenir en raison de l'énorme quantité d'énergie entreposée dans les différentes manifestations de l'atome le plus simple de l'univers, l'hydrogène. À ce stade, le lecteur pourrait être découragé par le fait que ce qui semble se passer dans le Soleil est excessivement compliqué si nous devions adopter les hypothèses du modèle de l'hydrogène métallique liquide. La modélisation théorique s'impose ici et je peux même sembler incohérent en critiquant à la fois les efforts théoriques du modèle solaire standard et ses complications. Cependant, les deux modèles ne pourraient pas être plus éloignés d'un point de vue méthodologique.

Le modèle standard montre une complication suspecte dans son traitement mathématique du fait même que la physique sous-jacente a été trop simplifiée. Aucun scénario réel ne correspond aux hypothèses irréalistes sur lesquelles repose le modèle. Des complications traitables dans le traitement découlent de la négligence excessive des faits physiques. D'un autre côté, le modèle de l'hydrogène métallique reconnaît les complications physiques réelles qu'un système aussi complexe génère et peut se heurter à une insoluble mathématique pour la simple raison qu'il colle au monde réel. Il vaut bien mieux reconnaître honnêtement qu'un problème est difficile et éventuellement ne pas le traiter correctement en détail que de créer un monde fictif dans lequel les problèmes deviennent réalisables et sont ensuite résolus, surtout si les solutions ne correspondent pas à ce qui est observé.

Partie III. La preuve : croyez ce que vous voyez

Chapitre 7

Les granulés et autres structures :
Beaucoup trop détaillés pour un gaz

La structure de la surface du Soleil qui rappelle fortement la convection de Bénard a été décrite pour la première fois en 1870 par le Père Angelo Secchi dans son célèbre ouvrage *Le Soleil*, bien que les instruments modernes aient considérablement augmenté la qualité de l'image. Les cellules, pour la plupart pentagonales, parfois hexagonales, ont un diamètre d'environ 1 500 km mais vont de 300 à 5 000 km. Elles se dissolvent généralement après environ 15 minutes mais peuvent aussi durer plusieurs heures, surtout les plus grosses. Nous observons que des vitesses verticales d'environ 1 km/s ont une direction ascendante au centre et une direction descendante aux bords.

Les images les plus récentes du télescope solaire Daniel Inouye, qui a produit la « première lumière » en 2020, montrent la surface du Soleil avec des détails spectaculaires. Les astronomes d'observation ont travaillé pendant des décennies pour développer de tels instruments fantastiques. Cependant, c'est la précision même de ces images qui révèle les lacunes du modèle théorique actuel.

Rappelons le modèle gazeux de la photosphère et comment il tente d'expliquer les observations. Puisqu'un gaz ne peut pas décrire la surface visible ici, les scientifiques ont déjà poussé trop loin leurs hypothèses théoriques sur l'opacité pour postuler une région dans laquelle le Soleil devient soudainement non transparent. L'épaisseur minimale absolue d'une telle couche créant une surface illusoire est cependant d'environ 400 km, comme indiqué sur la figure 15.

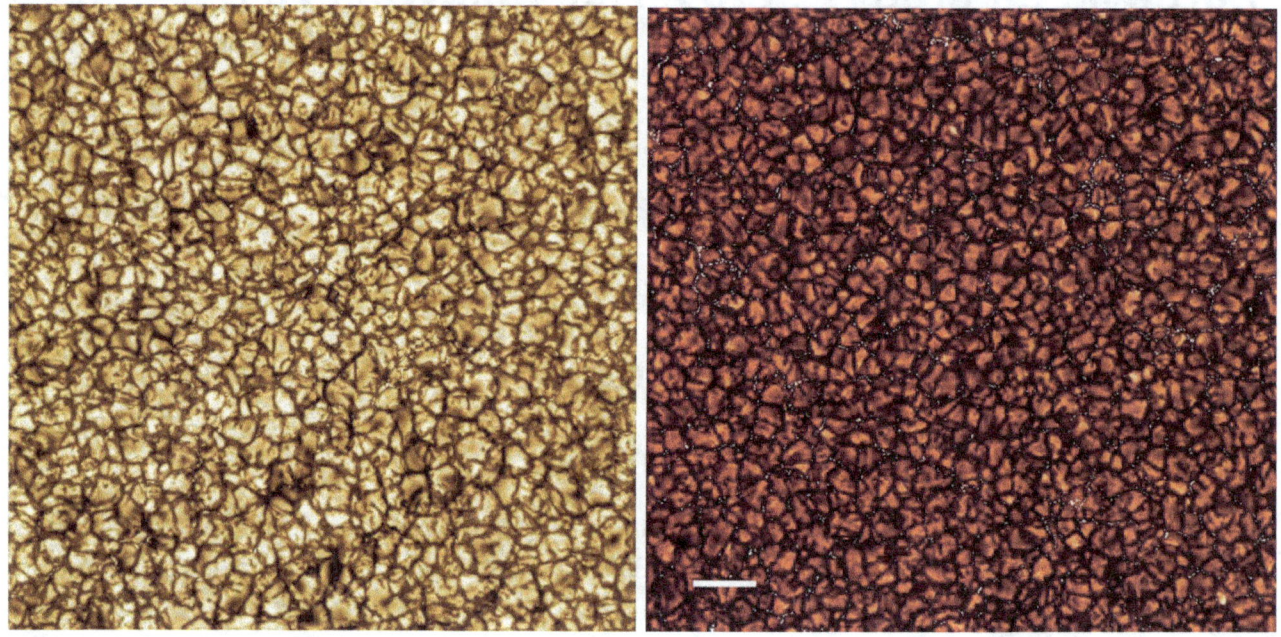

Figure 27. Image à haute résolution de la surface du Soleil avec des granules. À gauche : Télescope Daniel Inouye, 2020. À droite : Télescope solaire suédois, 2007

Considérons maintenant la résolution d'image de 0,04 arcsec, ce qui correspond à environ 30 km. Le contraste élevé visible signifie qu'il existe d'énormes différences de luminosité entre deux points à une distance de 30 km, tandis que la luminosité de chaque point est déterminée par le comportement collectif du matériau à au moins 400 km de profondeur. Évidemment, sur son propre mérite, cet argument va à l'encontre du modèle solaire standard. Le Soleil ne peut tout simplement pas être un gaz.

Vaincre par ses propres armes et des détails sans fin

Compte tenu de la dynamique turbulente évidente dans cette région, l'existence même des images du télescope solaire Daniel Inouye rend le modèle solaire standard impossible. Il faudrait postuler une photosphère constituée de colonnes 10 fois plus hautes que larges et conspirant à se comporter de manière uniforme sans interférer avec leurs colonnes voisines. En d'autres termes : lorsque nous supposons que la lumière est émise par une couche de gaz très turbulente d'une épaisseur de 400 km, il faut s'attendre à ce que l'image soit floue à la même échelle de longueur. En fait, je prédis que cette lacune du modèle solaire standard sera encore pire lorsque les futurs télescopes amélioreront encore leur résolution. Puisqu'il a fallu des décennies pour que cette précision soit atteinte, il semble cependant que les physiciens solaires aient peu à peu adopté cette contradiction sans s'apercevoir que la merveilleuse précision a mis à mal leur modèle. La légende Wikipédia de l'image ci-dessus est révélatrice : « L'image montre un motif de gaz turbulent et « bouillant » qui couvre tout le Soleil. »

Bien sûr, les gaz ne peuvent pas bouillir. Les liquides le peuvent. Les contradictions sont ici si évidentes que les partisans du modèle gazeux ne peuvent même pas décrire la réalité avec leurs propres mots. De plus, la convection de Bénard susmentionnée est quelque chose de typique pour les liquides, tandis que les cellules de convection s'étendent généralement plus dans une direction latérale qu'horizontale. Il est également bien connu que la convection de Bénard est un effet typique des systèmes qui sont loin de l'équilibre thermodynamique - ce qui a été postulé tout le temps lors de la modélisation de la photosphère en tant que gaz. En plus des contradictions ci-dessus, les images de précision ont révélé de nouvelles structures qui ne peuvent pas être décrites avec une seule substance gazeuse.

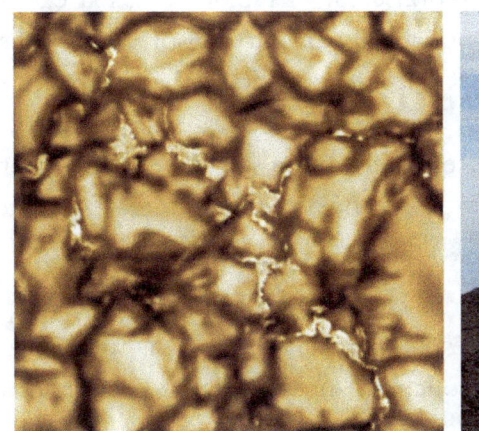

Figure 28. À gauche : Détails de la figure 27. À droite : Télescope Daniel Inouye

Considérez les structures en filigrane visibles sur la figure 28 (partie agrandie de la figure 27), qui se trouvent dans la région "bord" du motif du polygone, bien qu'elles soient aussi brillantes que les centres du polygone. Il semble carrément ridicule d'essayer de modéliser cette apparence avec un gaz qui ne peut différer que par sa température. Il convient de rappeler que toute différence de pression dans un gaz se neutralise avec la vitesse du son, ce qui représenterait une valeur multipliée par cinq par rapport à la Terre. Ces motifs élaborés qui sont visibles sur les figures 27 et 28 nécessitent la présence de phases différentes. Compte tenu de la richesse de structure de ce qui est observé, les granulés peuvent être considérés comme la preuve des différents états de l'hydrogène métallique ou semi-métallique dont nous avons parlé dans le chapitre précédent.

Méditer sur les métaux

Il faut ouvrir ici une petite parenthèse et réfléchir à la manière d'imaginer les structures possibles dans l'hydrogène métallique liquide. Étant donné l'inaccessibilité expérimentale de cet état de la matière dans des conditions extrêmes, il faut surtout s'appuyer sur des considérations théoriques et des analogies pour les substances qui peuvent être étudiées en laboratoire. Dans l'hydrogène métallique, les protons forment un réseau, mais qu'est-ce que cela signifie exactement ? La régularité microscopique ne s'étend pas aux grandes échelles, puisque cela n'est attendu que dans les solides. De toute évidence, quelle que soit la structure qui se forme, elle doit changer rapidement. Par exemple, les molécules d'eau à température ambiante sont connues pour changer leurs liaisons en 200 ns, et dans le Soleil, cela doit se produire encore plus rapidement. Or, pour de petites échelles de temps et sur de petites distances, une structure régulière doit exister, car une configuration aléatoire (ce qui serait attendu dans un plasma à très haute température) n'est certainement pas un état de basse énergie. Mais à quoi devrait ressembler une telle structure locale et momentanée ? Un réseau rectangulaire de minuscules cubes régulièrement ordonnés ne minimiserait pas l'énergie.

Fait intéressant, le problème de savoir comment organiser les atomes dans un espace tridimensionnel tout en minimisant l'énergie a déjà été résolu par la nature. Sans aucune autre substance, les atomes de carbone forment généralement des couches dans lesquelles les particules sont regroupées selon un motif hexagonal et les couches s'empilent les unes sur les autres. La structure résultante est appelée le graphite. Encore plus étonnant, le carbone change de structure sous haute pression, formant des diamants,[I] bien loin du matériau bon marché des crayons. Le simple arrangement d'atomes par un échauffement malencontreux, les premiers peuvent se retransformer en seconds. Gardez à l'esprit que nous parlons toujours de structures s'étendant sur quelques micromètres et durant quelques nanosecondes.[II] Pourtant, elles existent dans l'hydrogène métallique liquide. Sur la base de ces détails, il ne faut pas oublier pourquoi l'analogie avec le carbone est si intéressante : le graphite est l'un des très rares matériaux qui produit un spectre de corps noir presque parfait ! Ainsi, la structure polygonale fournit évidemment les « antenne » de n'importe quelle longueur dont une substance a besoin pour émettre toutes les longueurs d'onde. Wigner et Huntington ne le savaient pas lors de la rédaction de leur article original de 1935, mais ils ont proposé indépendamment un tel réseau hexagonal.[50]

Compte tenu des courtes échelles de temps et de longueur, il est difficile d'imaginer que l'une de ces structures distingue une certaine direction. Pourtant, il y a une chose qui brise la symétrie : la gravité, qui pointe vers le centre du Soleil. Cela pourrait éventuellement avoir pour effet qu'une structure en couches est de préférence orientée - nous parlons d'une moyenne statistique - disons, horizontalement. Tout cela mériterait certainement d'être étudié à l'aide de simulations informatiques. Cependant, dans tous les cas, il est raisonnable de supposer que la pression, comme dans le cas du carbone, pourrait déterminer la structure globale et conduire à des différences significatives des propriétés physiques de l'hydrogène métallique.[III] Si encore une fois, nous n'avons rien de mieux auquel nous référer que ces analogues communs, le diamant et le graphite diffèrent par leur conductivité et leur métallicité. C'est pourquoi un matériau à conductivité réduite est appelé un semi-métal. Sous une pression croissante, l'hydrogène moléculaire (qui est un isolant) devrait d'abord devenir un semi-conducteur, puis un métal entièrement conducteur.

[I]Les diamants sont le matériau qui peut supporter la pression la plus élevée et pour cette raison, ils ont été utilisés pour effectuer les expériences Gigapascal dont nous avons parlé au chapitre 4. Tel que mentionné, le diamant est une forme métastable de carbone.
[II]Robitaille soutient que ces structures pourraient même être plus grandes et durer beaucoup plus longtemps.
[III]Cf. L'eau devient opaque lors d'une explosion nucléaire, voir figure 22.

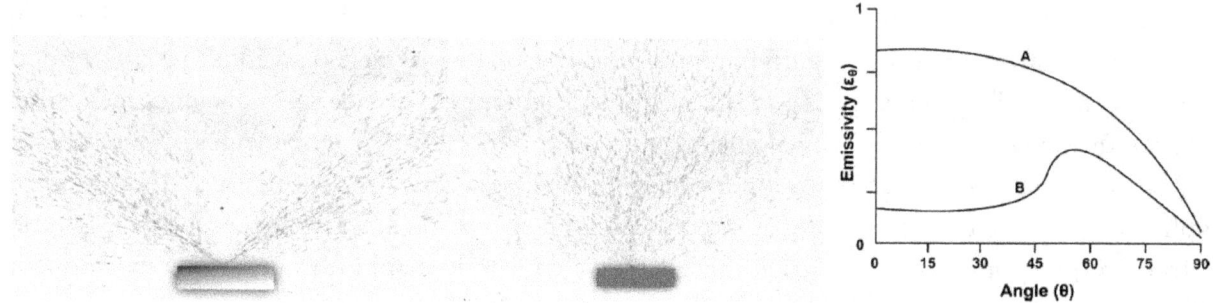

Figure 29. Visualisation de l'émissivité directionnelle dans les métaux et les non-métaux

Robitaille a également souligné le fait que les semi-métaux et les métaux ont des propriétés émissives différentes. Ceci est important pour la compréhension de plusieurs phénomènes dans l'atmosphère du Soleil.

La vue d'ensemble ne convient tout simplement pas.

Avant de discuter plus en détail de ces apparitions intéressantes, une remarque générale s'impose. Avec les granules, toutes les preuves suivantes montrent qu'il y a beaucoup trop de structure à la surface du Soleil pour être décrite par un seul état ennuyeux de matière gazeuse en équilibre thermique local. Alors que chacun de ces phénomènes particuliers a été étudié par des spécialistes et modélisé avec beaucoup d'efforts, ce type de recherche semble avoir raté la forêt pour les arbres. La pléthore de choses qu'un observateur impartial remarque défie toutes ces images physiquement trop simplifiées, même si elles sont garnies d'une myriade de paramètres librement ajustables.

Comme explication possible d'une variété de phénomènes anormaux, le modèle solaire standard a placé de grands espoirs dans les champs magnétiques. Les champs magnétiques ont été liés aux granules, aux taches solaires et à de nombreuses autres observations dont nous discuterons dans la section suivante et à juste titre. Dans de nombreux cas, les champs magnétiques apportent une contribution raisonnable à l'explication de ce qui est vu. J'ai rarement mentionné les champs magnétiques simplement parce que leur existence et leur implication dans de nombreux phénomènes sont hors de question. Le problème est que l'omniprésence incontestable des champs magnétiques est devenue une sorte de joker. Trop souvent, nous lisons que les champs magnétiques en sont responsables alors que les phénomènes du modèle solaire standard ne peuvent être expliqués autrement. Ainsi, même si le champ est présent, les effets sont notoirement difficiles à quantifier. Malgré la physique intéressante, les champs magnétiques risquent malheureusement d'être utilisés pour tout ce dont le modèle solaire standard ne peut tenir compte quantitativement.

J'espère avoir précisé que je ne prétends, en aucun cas, que les champs magnétiques sont absents ou ne jouent pas un rôle significatif. Il existe en effet des preuves solides d'un énorme champ magnétique à la surface du Soleil et au-dessus d'elle. Ironiquement, cependant, le modèle solaire standard fournit peu d'informations sur les raisons pour lesquelles les champs magnétiques du Soleil sont si forts. L'hydrogène gazeux, du moins aux températures que nous observons à la photosphère, est un isolant. Il n'y a tout simplement pas assez de charges électriques disponibles pour créer les courants nécessaires à une telle quantité de magnétisme. Au contraire, dans le cas du modèle de l'hydrogène liquide métallique avec d'énormes quantités d'électrons libres, il est plus qu'intuitif que les mouvements rapides observés conduisent à de forts courants et aux champs magnétiques correspondants.

Une histoire d'énigmes

Tournons notre attention vers les taches solaires, découvertes pour la première fois par Galileo Galilei. Les phénomènes présentent tellement de caractéristiques intéressantes que nous ne pouvons pas tout couvrir en détail. Pourtant, il y a certains faits dont il faut être conscient.

Le mystérieux cycle de 11 ans de l'activité des taches solaires a attiré beaucoup d'attention, car il semble également influencer le climat de la Terre.[1] En plus de cela, il y a même des périodes où l'apparition des taches solaires semble varier.[51] Comme leur luminosité est considérablement inférieure à celle du matériau environnant, nous avons toujours cru qu'elles avaient une température beaucoup plus basse, aux alentours de 4 500 K. Robitaille a souligné que ce n'est pas nécessairement le cas. Au contraire, la luminosité réduite peut également provenir de l'émissivité directionnelle différente : l'état entièrement métallique émettrait moins dans une direction perpendiculaire à la surface. La présence

---

[1] Bien que négligé par les experts, le cycle avait été découvert par Samuel Schwabe, un astronome amateur.

incontestée de très forts champs magnétiques dirigés verticalement dans les taches solaires s'explique sans effort par la plus grande conductivité électrique de l'état métallique.

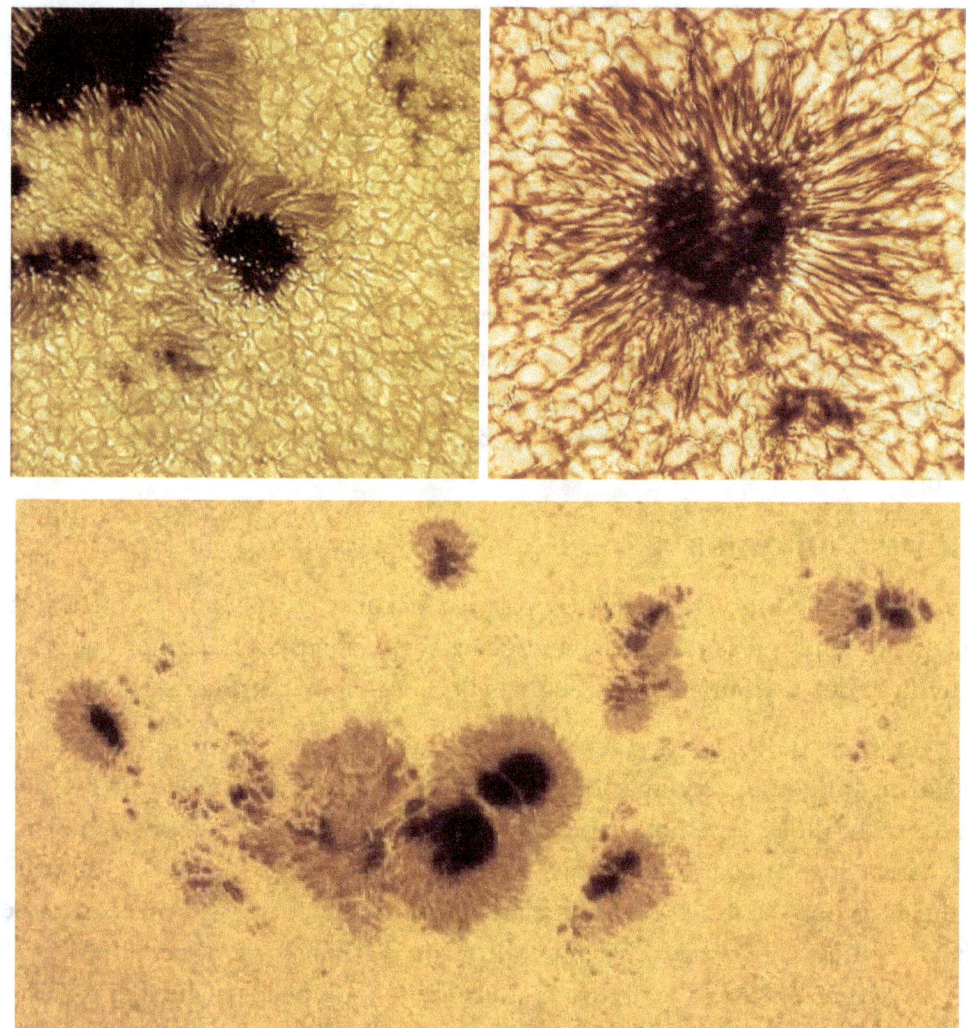

Figure 30. Taches solaires, télescope Daniel Inouye, 2020

Dans tous les cas, cependant, les structures posent un énorme défi au modèle solaire standard. Regardez simplement les détails en filigrane de la figure 30. Comment une seule phase gazeuse pourrait-elle afficher un tel contraste, si elle rencontre des difficultés à ressembler à une surface au départ ? Les mêmes arguments que pour les granulés s'appliquent ici. Les taches solaires sont littéralement des trous d'environ 700 km de profondeur, appelés dépression de Wilson.[52] Si les taches solaires sont plus froides, comment cela s'inscrit-il dans l'affirmation du modèle solaire standard d'une photosphère de 400 km d'épaisseur qui recouvre prétendument l'intérieur le plus chaud du Soleil ? Dans le modèle de l'hydrogène métallique liquide, il serait évident que l'état métallique se situe au-delà de la photosphère semi-métallique.[1]

L'observation des parties extérieures du Soleil révèle un autre phénomène étrange, qui, pour des raisons évidentes, est appelé l'assombrissement vers le bord du disque solaire, bien qu'il ait été avancé que cette découverte corrobore le modèle solaire standard. Il est communément admis que le spectre miraculeux du corps noir du Soleil est un mélange de lumière provenant de couches bien au-delà de la surface du Soleil. En observant le Soleil, nous pénétrerions ainsi considérablement sa couche externe. Cependant, en observant au bord du disque solaire, nous regardons presque à angle droit par rapport à la normale de la surface et, par conséquent, il n'y a pas beaucoup de profondeur à observer. Ainsi, dans cette région, le Soleil devrait apparaître moins brillant. Pourtant, les choses ne s'additionnent tout simplement pas quantitativement. Si nous nous souvenons du schéma ci-dessus de l'atmosphère du Soleil, pour des raisons convaincantes, le modèle solaire standard devait postuler que la surface devenait opaque en quelques centaines de kilomètres (voir figure 15).

En revanche, sur la figure 31, il est visible à l'œil nu que le Soleil est déjà considérablement moins brillant à environ 90 % de son rayon – à environ 70 000 kilomètres de la surface ! Il est difficile d'imaginer comment les physiciens solaires pourraient supporter une incongruité aussi flagrante. En revanche, dans le modèle de l'hydrogène métallique liquide, l'assombrissement notable vers le bord du

---

[1] J'essaie de ne pas submerger le lecteur d'informations, mais des arguments analogues s'appliquent à un phénomène appelé les facules, bien qu'ils soient plus difficiles à observer. Pour une discussion avancée, le traitement de Robitaille (2013a, § 2.3.5) est fortement recommandé.

disque solaire serait une conséquence de l'émissivité directionnelle d'un métal.[1] Bien que ce ne soit pas une preuve définitive, au moins l'hypothèse est raisonnable et cohérente avec ce que nous savons sur les métaux en laboratoire. Dans tous les cas, l'assombrissement vers le bord du disque demeure l'un des problèmes majeurs du modèle solaire standard, pour lequel une discussion sur les alternatives est nécessaire.

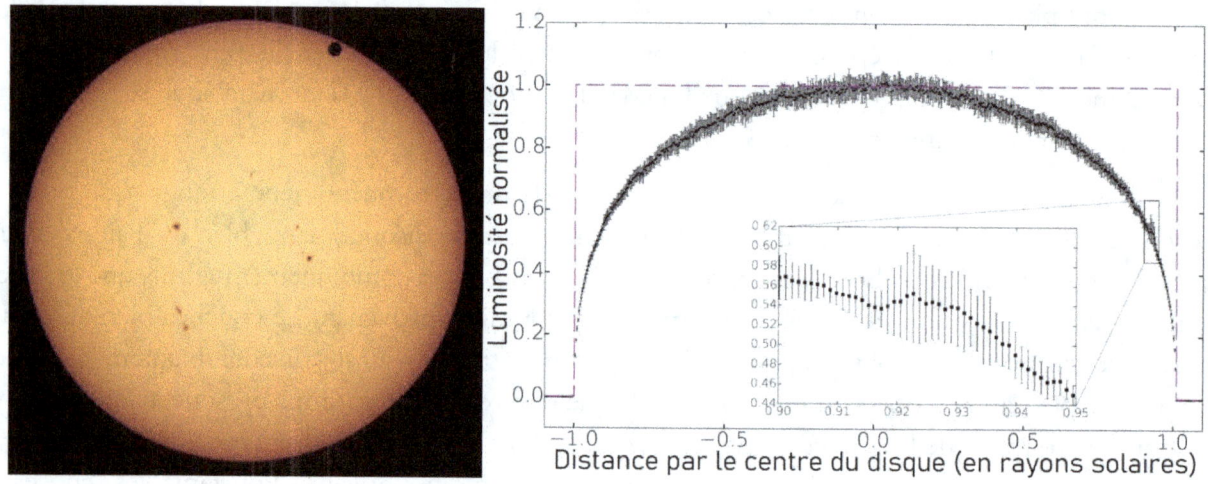

Figure 31. Assombrissement vers le bord du disque solaire. À gauche : Photo avec le transit de Vénus. À droite : Profil de luminosité

La main gauche contredit la main droite.

En contraste remarquable, si nous considérons les rayons X, le bord extrême du disque solaire montre une émission beaucoup plus forte. Cela prouve que le matériau sous la surface est absolument non transparent pour les rayons X. Le phénomène n'est pas surprenant cependant, une fois que nous avons établi un lien entre la génération de rayons X et les processus sur une surface réelle. Lors de l'observation tangentielle, une vaste zone est projetée dans la direction que nous percevons comme le

---

[1] Gardez à l'esprit que cette image est à prendre avec un grain de sel, puisqu'il s'agit de réseaux existants sur des échelles de temps et de longueur très courtes. De plus, l'influence de la gravité sur la direction n'est pas encore prouvée.

bord du disque. Si nous nions plutôt une surface réelle, comme le fait le modèle solaire standard, nous nous heurtons à des problèmes évidents.

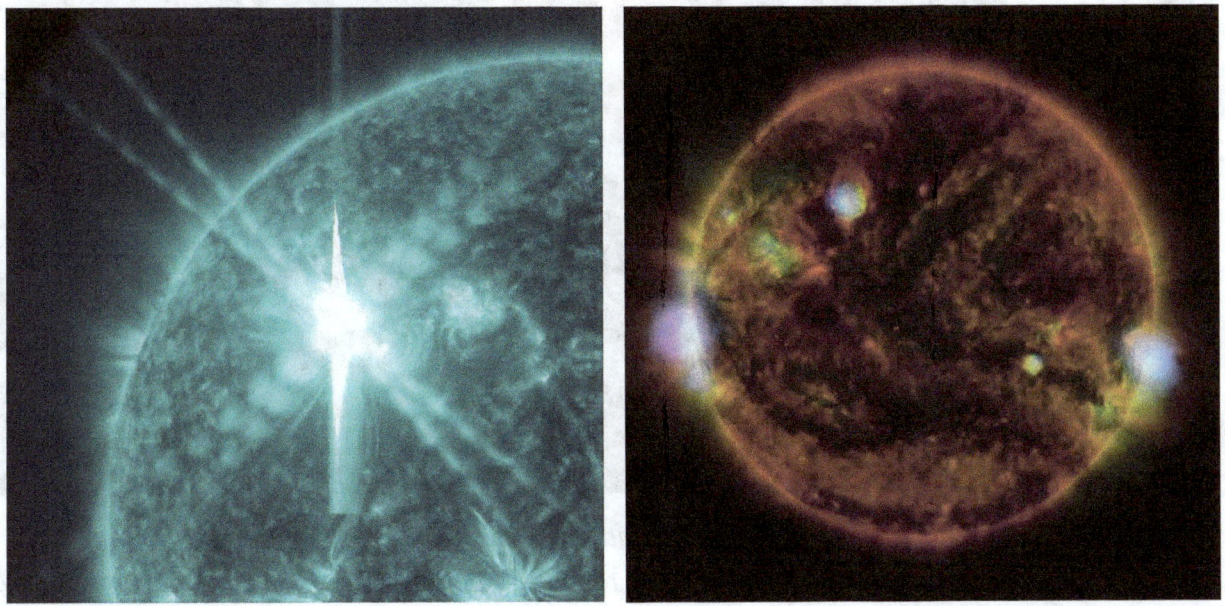

Figure 32. Le bord extrême du disque solaire dans la bande X   À gauche : Soleil calme. À droite : pendant des éruptions solaire [53]

Comme nous le voyons sur la figure 32, qui montre une éruption solaire en rayons X, l'émission double soudainement son intensité à la surface. Si les régions extérieures étaient un gaz, elles seraient bien transparentes aux rayons X omniprésents. Les astronomes ont postulé une série de coïncidences improbables pour créer cette couche relativement mince et non transparente dans l'optique. Mais cela ne fonctionne pas pour les autres longueurs d'onde, encore moins pour l'extrémité courte du spectre des longueurs d'onde. Comme le montre clairement la figure 32, le corps du Soleil n'est pas transparent aux rayons X : il a une surface distincte. Cela vaut pour une large gamme de longueurs d'onde (voir figure 33).

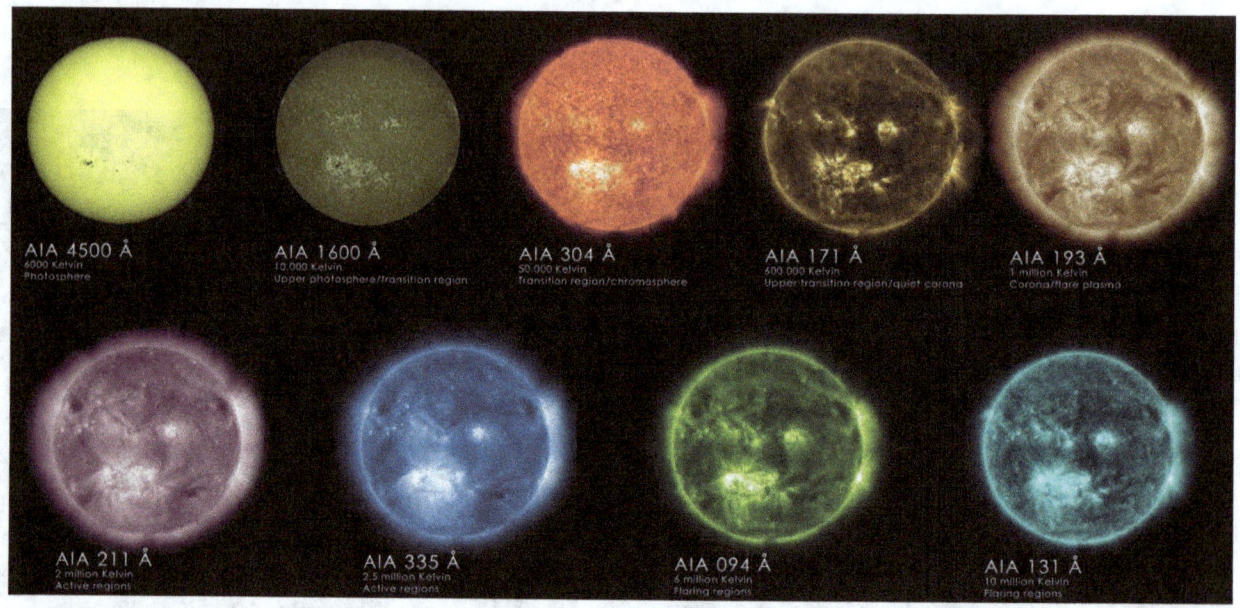

Figure 33. Le Soleil à différentes longueurs d'onde au-delà des 4500 Å optiques (450 nm) est toujours visible ; les longueurs d'onde plus courtes atteignent le spectre des rayons X mous (13,1 nm). Toutes les longueurs d'onde inférieures à 200 Å montrent une nette augmentation de l'intensité sur le bord extrême du disque solaire.

Une autre structure déroutante à la surface du Soleil sont les spicules. Découverts en 1877 par le père Angelo Secchi, les spicules ont une structure semblable à un cheveu qui s'étend sur plusieurs milliers de kilomètres dans la chromosphère. Ils ne durent que quelques minutes et, selon le modèle solaire standard, ils consistent en des éjections de la photosphère avec des vitesses ascendantes d'environ 20 km/s. Cela n'explique cependant pas pourquoi les spicules peuvent s'arrêter à une certaine hauteur puis se dilater à nouveau violemment.[54] Il semble donc plus probable que des spicules se forment en raison de réactions de condensation dans la chromosphère, comme le suggère Robitaille. Semblable à d'autres cas, les spicules ont été associés à des champs magnétiques. À l'inspection, cela est difficile à concilier avec les directions aléatoires vues sur la figure 34.

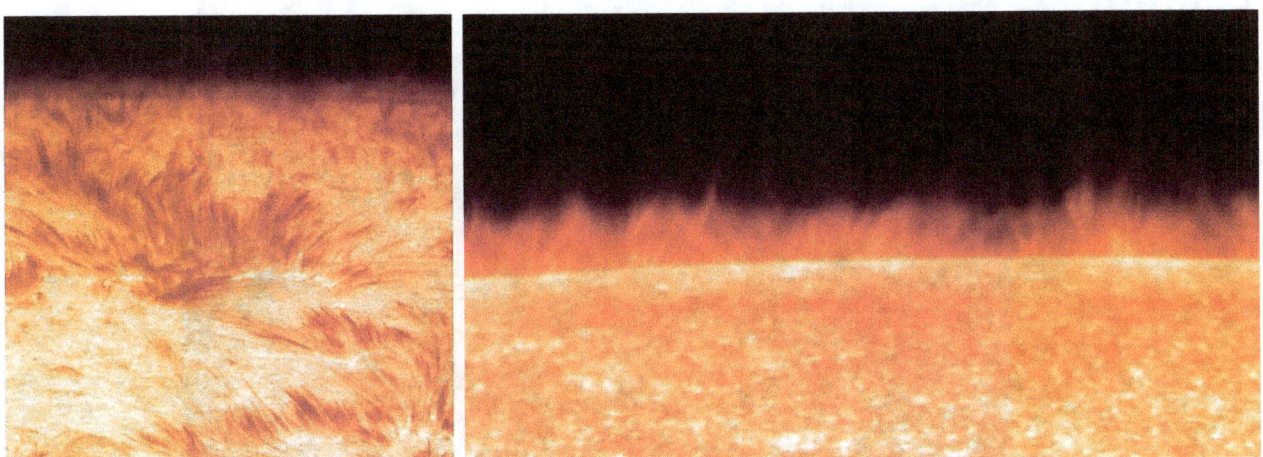

Figure 34. Les spicules, décrits pour la première fois par Angelo Secchi, en 1877

> *Il n'y a pas d'illusion à craindre, les phénomènes que nous venons d'exposer au lecteur ne sont pas de simples découvertes optiques, mais des objets qui existent réellement, fidèlement rapportés à nos yeux à l'aide d'instruments employés pour les observer. – Père Angelo Secchi*

Dans tous les cas, ce phénomène est bien loin de l'hypothèse de l'équilibre hydrostatique d'un gaz et, par conséquent, le modèle solaire standard doit recourir à des explications exotiques selon lesquelles les spicules sont en effet une sorte d'illusion produite par les propriétés d'absorption d'un gaz. De quel commentaire supplémentaire une image, telle la figure 34, devrait-elle avoir besoin, autre que croire ce que vous voyez ? Selon le modèle solaire standard, nous devrions supposer que les régions plus denses d'un gaz se déplacent à l'intérieur de régions moins denses - bien que les différences de pression et de densité seraient immédiatement compensées si cela était vrai. À ma connaissance, personne n'a même tenté d'expliquer ce paradoxe. Hormis les spicules, le même effet se manifeste de manière encore plus spectaculaire, comme nous le verrons au chapitre suivant.

Chapitre 8

Une éruption de la vérité : l'éruption solaire géante en 2011

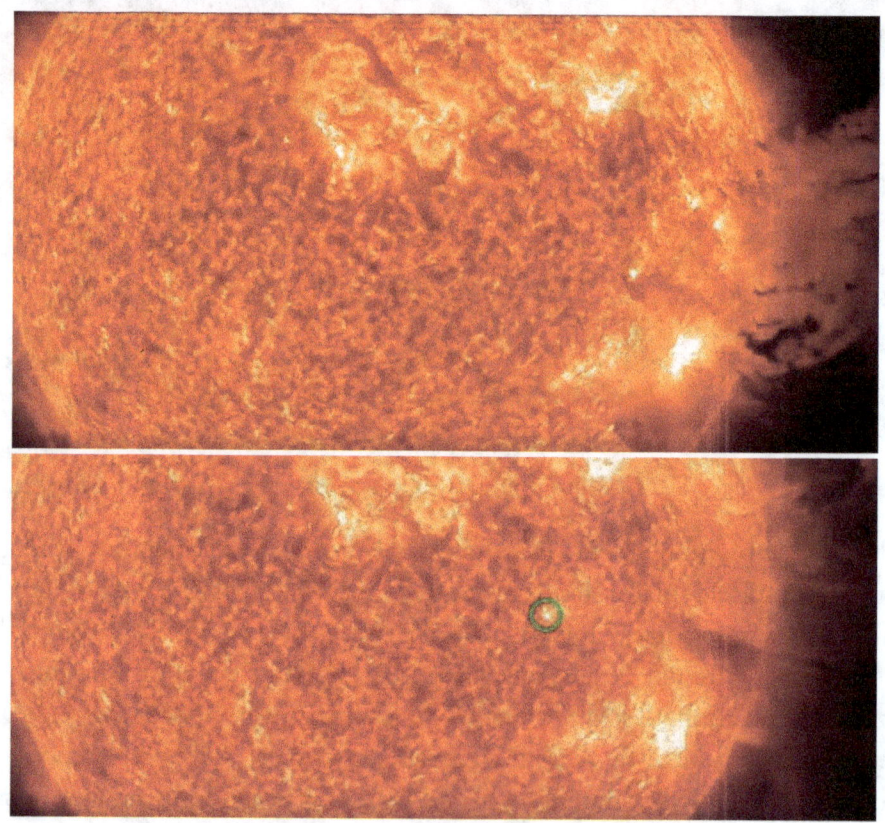

Figure 35. Puissante éjection de masse coronale s'est produite le 7 juin 2011. Le matériau retombant sur la surface provoque l'allumage du point d'impact (entouré de vert) – une indication claire d'une surface réelle non constituée de gaz.

Dans ce chapitre, nous parlons de la preuve la plus directe, sans ambiguïté et irréfutable d'un Soleil liquide. Cela a à voir avec quelque chose qui peut très bien avoir de graves conséquences pour l'humanité. Les éruptions solaires géantes s'accompagnent de l'éjection d'énormes quantités de particules chargées qui présentent un danger pour tout ce qui se trouve sur leur passage.

Ces derniers temps, la Terre n'a heureusement pas été touchée par la matière éjectée par une telle éruption.[I] Sinon, nous nous attendrions à de graves dommages dans notre infrastructure de réseau électrique, y compris des pannes de courant de longue durée. Selon les archives historiques, en 1859, le soi-disant événement de Carrington a provoqué une tempête géomagnétique qui a altéré le système télégraphique mondial. Dans certaines gares, des étincelles mettaient le feu aux téléscripteurs. Étant donné qu'à l'époque, les télécommunications n'en étaient qu'à leurs débuts, les dommages potentiels à notre technologie beaucoup plus développée, mais aussi plus vulnérable, ne peuvent qu'être devinés. Selon les estimations de la NASA, une telle tempête géomagnétique pourrait « paralyser tout ce qui est connecté à une prise » et causer des dommages de plusieurs milliards de dollars.[55] Pas seulement pour cette raison, il serait bon de comprendre ce qui se passe dans le Soleil lors de telles éjections de masse coronale. Les personnes anxieuses peuvent suivre la « météo spatiale » quotidienne sur le site suspicious0bservers.org (une excellente ressource médiatique), où chaque prévision se termine par la phrase « Les yeux ouverts. Sans peur. »

Le 7 juin 2011, une éruption solaire géante a eu lieu, qui a non seulement affiché une violence sans précédent, mais a également été documentée en détail par l'observatoire solaire dynamique (SDO) et la mission STEREO. Nous pouvons télécharger une vidéo personnalisée sur le site helioviewer.org.[56] L'éruption a commencé vers 6h20 TMG et a duré environ trois heures. Cette matière a été éjectée à une hauteur de plusieurs centaines de milliers de kilomètres au-dessus de la surface du Soleil avec un maximum de 520 000 km, ce qui est dans la même gamme que le rayon du Soleil de 696 000 km.[II] L'événement a commencé par une immense concentration de puissance au niveau de la zone d'éjection qui a commencé à s'allumer vers 5h30. La vitesse de la matière éjectée était initialement d'environ 200

[I] Ce qui est visible ici n'atteint bien sûr pas la Terre, mais une forte augmentation des particules chargées rapides est bien mesurable après de telles éruptions.

[II] De petites pièces ont été éjectées à une hauteur de presque 4 rayons solaires, https://arxiv.org/abs/1401.7984.

km/s et a atteint son maximum de plus de 500 km/s vers 6h30, tandis que l'extension maximale s'est produite vers 6h55. Le premier impact de la matière de retour s'est produit à 7h02 et a été suivi de cinq autres jusqu'à 8h30, chacun provoquant un grand éclat de lumière. La première question est : que voyons-nous ici ? Comment décrire physiquement la matière éjectée ? Elle est parfois plus brillante, parfois moins brillante que la surface du Soleil, mais moins transparente que l'environnement.

Figure 36. Une autre éjection de masse coronale s'est produite le 31 août 2012. Photo prise par l'observatoire solaire dynamique à 30,4 nm et 17,1 nm. Les mêmes caractéristiques, que celles identifiées lors de l'éruption de 2011, sont visibles. La structure hautement fragmentée du filament éjecté défie une explication avec des champs magnétiques.

Questions sur questions

Le modèle solaire standard suggérerait que la matière est gazeuse, alors que devrions-nous supposer pour la température et la densité ? La supposition évidente est que la matière éjectée est plus chaude et plus dense que celle qui l'entoure,[1] mais si c'est le cas, ne devrait-elle pas se dilater et se refroidir en conséquence ? Comment une bulle de gaz pourrait-elle courir à travers *d'autres gaz* à une vitesse de plusieurs 100 km/s pendant des heures sans se dissoudre immédiatement dans d'énormes turbulences ? Comment un gros morceau de gaz mystérieusement dense se fragmente-t-il en plusieurs morceaux plus petits du même type, laissant des régions de plus petite densité entre les deux ? La fragmentation est quelque chose de totalement impossible dans un gaz.

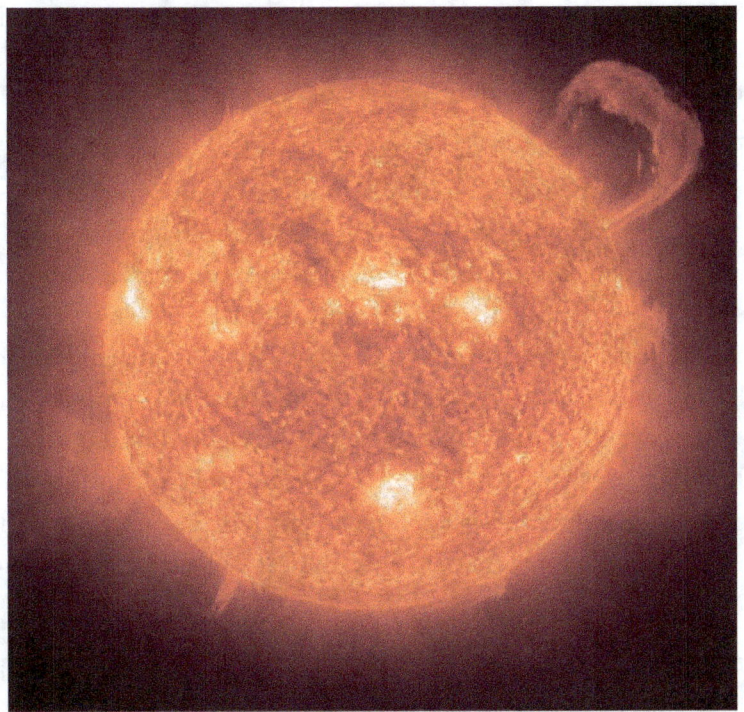

Figure 37 : Protubérance spectaculaire éjectée du Soleil : l'image met en évidence une autre anomalie que j'aborderai au chapitre 9.

---

[1] J'ai également entendu l'affirmation selon laquelle le matériau éjecté était plus chaud et *moins* dense que l'environnement - dans ce cas, il est tout à fait incompréhensible qu'il tombe. Il devrait monter comme un ballon chaud.

Qu'en est-il des impacts qui éclairent immédiatement une surface qui, selon le modèle solaire standard, ne sont qu'illusoires ? Encore une fois, comment un gaz dense pourrait-il éjecter une bulle d'un autre gaz dense qui parcourt près d'un million de kilomètres à travers une atmosphère mince, puis redescend dans la région la plus dense ? Pourquoi un tel fracas entre le gaz et le gaz devrait-il produire de la lumière après tout ? Il est impossible de nier qu'il s'agit d'une collision réelle impliquant une surface réelle et pas seulement illusoire. Pourquoi une masse gazeuse devrait-elle être éjectée du gaz solaire à des vitesses aussi élevées en premier lieu ? Toutes ces questions ne peuvent être résolues de manière satisfaisante par le modèle solaire standard, car il est évident qu'il existe une surface réelle d'où la matière est éjectée, qui est de la matière condensée.

Fait intéressant, bien qu'un événement de cette ampleur ne se produise même pas une fois tous les dix ans en moyenne, il existe très peu de littérature à ce sujet. Les quelques articles existants sur le sujet ne semblent même pas utiles pour discuter les contradictions flagrantes. Par exemple, un groupe mentionne brièvement[57] les « densités inhabituellement élevées du matériau de filament à reflux » mais n'essaie même pas de comprendre ce qu'il voit. Un autre article[58] calcule les forces de retardement sur les « taches de plasma » en utilisant un modèle de corps rigide se déplaçant dans un fluide, mais n'aborde pas le problème évident de la façon dont une telle « tache » - rappelez-vous que nous parlons d'un gaz dans un gaz – devrait exister et subsister en premier lieu. Pourtant, un autre groupe[59] admet que le mécanisme dominant des impacts lumineux n'est pas la reconnexion magnétique, mais la « compression d'un plasma », sans toutefois expliquer pourquoi il se produit à une surface qui n'existe pas dans le modèle plasma et en quoi la matière entrante est censée être constituée.

Le centre d'intérêt de tous ces articles de recherche semble être le test des modèles de reconnexion magnétique, un effet qui, est malheureusement devenu une panacée, et qui explique prétendument presque tout ce que nous observons dans le Soleil. La reconnexion magnétique est certainement un comportement intéressant et complexe des champs magnétiques (le domaine de recherche s'appelle la magnétohydrodynamique). Étant donné que les lignes de champ magnétique qui pointent verticalement vers l'extérieur de la surface du Soleil peuvent s'emmêler en raison de la rotation différentielle du Soleil,[1] il est intuitif que ces lignes essaieraient de se démêler par un processus et de

---

[1] Le Soleil tourne une fois en 27 jours mesurés à l'Équateur, mais la rotation est plus lente dans les régions polaires.

libérer de l'énergie magnétique. Quantitativement, le problème est qu'il n'y a aucun moyen que cet effet puisse expliquer les phénomènes observés à des vitesses aussi extrêmes - contrairement aux transitions de phases discutées au chapitre 6 qui sont capables de libérer d'énormes quantités d'énergie.

> « Moins nous en savons sur un processus, plus l'influence du champ magnétique doit être grande. » – Lodewijk Wolter

Lorsque les théories se heurtent à des difficultés, le champ magnétique vient à leurs secours.

Dans ce cas, cela vaut la peine de se tourner vers Wikipédia, car le site n'a généralement aucun problème à défendre et à ressasser la sagesse standard :

> *Un problème actuel en physique des plasmas est que la reconnexion observée se produit beaucoup plus rapidement que prévu par MHD dans les plasmas à nombre de Lundquist élevé (c'est-à-dire une reconnexion magnétique rapide). Les éruptions solaires, par exemple, se déroulent* **13 à 14 ordres de grandeur** *plus rapidement qu'un calcul naïf ne le suggérerait et plusieurs ordres de grandeur plus rapidement que les modèles théoriques actuels qui incluent la turbulence et les effets cinétiques.*

Allez comprendre. Treize à quatorze ordres de grandeur, quelque 10 000 billions ! Tout scientifique raisonnable considérerait cela comme une preuve à toute épreuve qu'une chose n'a rien à voir avec l'autre. Comment réagissez-vous lorsque les astrologues essaient de vous convaincre que la constellation de planètes peut influencer votre vie ? Eh bien, Neptune, la planète la plus éloignée, exerce sur nous une attraction gravitationnelle inférieure de 10 ordres de grandeur à celle de la Terre. Ce n'est pas exactement quelque chose dont vous vous attendriez à changer votre vie quotidienne. Alors, comment gérons-nous le fait que les forces magnétiques sont encore plus loin d'expliquer la réalité ? À la lumière des difficultés ci-dessus, les physiciens solaires ont travaillé avec acharnement pour ajuster les paramètres et supposer toutes sortes de circonstances favorables pour rapprocher certains ordres de grandeur de la réalité. Cependant, c'est une bataille difficile si vous commencez avec quelque chose de mille fois pire que l'astrologie.

Pour éviter de recourir à des arguments intuitifs, aussi évidents soient-ils, soyons quantitatifs et effectuons des calculs à rebours. Retournons à l'un des plus petits nuages qui impacte le Soleil à un diamètre d'environ 10 000 km. Puisqu'il provient de l'intérieur du Soleil, la température doit être d'au moins 5 800 K, correspondant à une vitesse du son d'environ 8,2 km/s. Pendant les deux heures de vol, une onde sonore pourrait ainsi parcourir (8,2 km/s)·7 200s = 59 000 km. Il y aurait donc tout le temps pour que le nuage se dilate et se dissolve dans le néant invisible de la matière environnante, ce qui est supposé être le même gaz à une densité inférieure.

Pourtant, ce n'est pas ce que nous observons. Le nuage se déforme et se divise, ce qui signifie qu'une région de haute densité pourrait se séparer en plus petits morceaux du même type, laissant des régions de plus petite densité entre les deux.[1] Hormis l'impossibilité évidente d'un tel processus, personne dans la communauté scientifique ne s'est jamais soucié de modéliser une telle fragmentation. Les vitesses extrêmement élevées se produisant dans de telles éruptions, plus de 300 fois supérieures à la vitesse du son, en appelleraient également à un modèle d'écoulements turbulents supersoniques. Bien que de tels écoulements soient bien étudiés dans d'autres domaines, la physique solaire semble obstinément désintéressée de ces questions. Il n'y a aucune accusation de délit scientifique ou même de malhonnêteté ici. Pourtant, la science institutionnalisée sélectionne fortement les problèmes en fonction de leur pertinence pour le modèle prédominant et ceux qui le contredisent potentiellement ne sont pas les plus à la mode.

L'éjection de masse coronale de juin 2011 était certes très prononcée, mais il en existe bien d'autres avec des effets similaires mais des caractéristiques différentes.

Il n'y a pas assez de matière dans l'atmosphère solaire.

L'un des exemples les plus impressionnants d'un immense champ magnétique est un arc flamboyant,[60] ou « pluie coronale », qui s'est formé le 19 juillet 2012 (figure 38). De toute évidence, l'éruption massive, qui avait un diamètre d'environ 54 000 km et a duré plusieurs heures, a été

---

[1] Les différentes longueurs d'onde auxquelles l'éruption est illustrée montrent que la matière semble être également absorbante à toutes les fréquences - un véritable corps noir donc, qui ne peut pas être expliqué par le modèle gazeux, voir https://www.youtube.com/watch?v=HloC4xMg4Z4&t=40s .

contrainte par des champs magnétiques qui ont guidé le mouvement de la matière. Là encore, des filaments relativement minces de moins de 1 000 km d'épaisseur auraient tout le temps de se dilater et de se dissoudre s'ils n'étaient que des régions de gaz plus denses. Au contraire, ils semblent se dissoudre en petits morceaux et en poussière, ce qui est à nouveau une preuve de matière condensée. Bien sûr, l'état métallique liquide peut s'évaporer et se transformer en gaz et c'est ce qui semble se produire. En dehors de cela, c'est l'état métallique (liquide) qui peut facilement être ionisé et éventuellement maintenu sur la bonne voie par les champs magnétiques, alors que cela nécessite des hypothèses supplémentaires dans le modèle gazeux.

Figure 38. L'arc flamboyant s'est formé le 19 juillet 2012. Selon le modèle solaire standard, il s'agit de « plasma surchauffé ». Pour comparaison, la taille de la Terre est illustrée.

Il y a une autre observation intéressante : La chromosphère, la région jusqu'à environ 5 000 km au-dessus de la surface visible, est généralement supposée avoir une très faible densité jusqu'à $1,6 \cdot 10^{-11}$ kg/m^3,[61] ce qui est, pour les gens de laboratoire, presque un ultra-vide,[62] tandis que la couronne ci-dessus est encore moins dense. Ainsi, compte tenu de l'attraction gravitationnelle de 274 m/s^2 sur le

Soleil, théoriquement un corps tombant librement du bord supérieur de l'arc de la figure 38 ne mettrait que 10 minutes pour atteindre la surface. Au lieu de cela, nous observons une « pluie » relativement lente durant des heures qui a – et c'est remarquable – une vitesse presque uniforme. Bien sûr, les champs magnétiques qui peuvent agir comme un frottement jouent ici un rôle important. Dans une expérience de laboratoire simple, un aimant tombant à travers un tube en aluminium mince n'atteint qu'une faible vitesse en raison d'effets d'induction de type frottement. Néanmoins, nous aimerions avoir de tels phénomènes modélisés quantitativement. Fait intéressant, la matière qui tombe s'illumine lorsqu'elle atteint une hauteur de 10 000 km au-dessus de la surface. Cela peut indiquer que la vitesse est également limitée par le frottement dans une chromosphère dense supposée par le modèle métallique liquide. Dans tous les cas, il est urgent d'analyser quantitativement ces dynamiques et d'évaluer les performances des modèles concurrents.

Ondulation dans un étang

La chromosphère est la couche la moins bien comprise de l'atmosphère du Soleil... Une partie du problème est qu'elle est si dynamique et transitoire. À cette hauteur, un champ magnétique mal défini domine le gaz et en détermine la structure. Comme nous ne connaissons pas les mécanismes physiques, il est impossible de produire un modèle réaliste. – H Zirin[63]

Un autre exemple frappant qui prouve l'existence d'une surface réelle sur le Soleil est illustré à la figure 39. La séquence montre une éruption solaire (bien que beaucoup plus petite que celle de 2011) qui a évidemment provoqué des ondes de gravité de surface. C'est un énorme problème pour le modèle solaire standard, qui nie la surface réelle mais qui saute aux yeux ici. Ainsi, les spécialistes intrigués par les images ont tenté de sauver leur peau en postulant un mécanisme assez compliqué. Comme l'a expliqué un chercheur de l'Université de Stanford dans un courrier électronique, les ondes ne se propagent pas à la surface mais vont principalement à l'intérieur, où une vitesse accrue du son les plie à nouveau vers le haut, où elles deviennent visibles. C'est de là que « l'illusion » d'une vague de surface est censée provenir. Il ne pouvait pas expliquer pourquoi la vitesse des vagues à la surface augmentait avec le temps. Il ne fait aucun doute qu'avec plus de postulats de ce genre, nous pourrions continuer la discussion indéfiniment, bien que je sois certainement en faveur d'un examen approfondi de ces phénomènes. Cependant, dans ce cas, le rasoir d'Occam est clairement du côté de Robitaille. Si vous faites preuve de bon sens, cela suggère de raccourcir la discussion : il n'y a pas d'ondes de surface dans les gaz. C'est aussi simple que cela.

> « Le séisme solaire enregistré par l'équipe scientifique ressemble beaucoup à des ondulations se propageant à partir d'une pierre tombée dans un étant d'eau. » – Équipe de recherche de la NASA

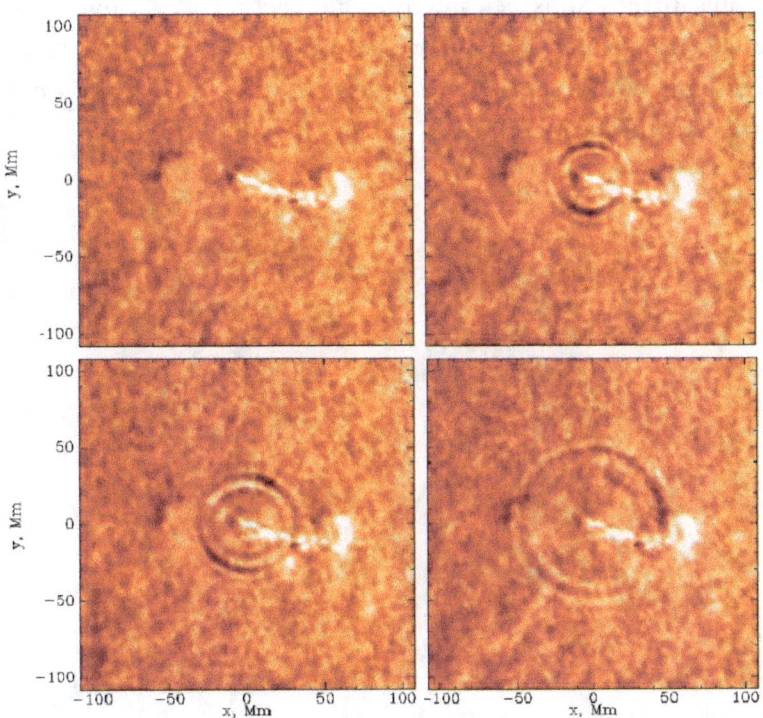

Figure 39. Vagues de surface sur le Soleil après l'éjection de masse coronale, un « tremblement de soleil », qui s'est produit immédiatement après une éruption de taille modérée le 8 juillet 1996.[64] L'image a été traitée pour mettre en évidence les vagues.

Héliosismologie

Une fois que nous entrons dans les détails, encore plus de contradictions avec le modèle solaire standard apparaissent. Au début des années 1960, les scientifiques ont fait une observation déconcertante : il y avait des variations régulières des vitesses en ligne de visée à la surface solaire avec une période d'environ cinq minutes. Finalement, ils ont réalisé que celles-ci faisaient partie d'un schéma global d'oscillations qui comprenait l'ensemble du Soleil. Notre étoile oscille comme un instrument de musique géant, produisant des sons célestes presque réels. La découverte a depuis évolué en un domaine de recherche à part entière qui aurait bien pu lui valoir un prix Nobel. Non seulement les fréquences ont depuis lors été mesurées avec précision, mais les états d'oscillation correspondants, appelés modes, ont également été identifiés en détail.

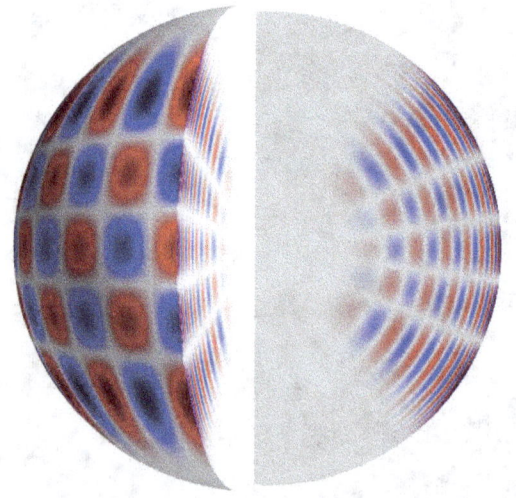

Figure 40. Héliosismologie : un exemple de mode d'oscillation du Soleil

Ces mesures de précision n'ont été obtenues que par l'Observatoire solaire et héliosphérique (SOHO) - une mission conjointe de la NASA et de l'ESA qui a été lancée en 1995. Une mine de données d'observation est accessible au public sur son site Web.[65] En note d'accompagnement, les oscillations d'un corps sphérique ne sont pas simplement décrites comme les cordes unidimensionnelles d'instruments de musique, qui peuvent être modélisées par des fonctions sinus et cosinus. Déjà au 18ème siècle, les mathématiciens ont découvert ce que nous appelions les harmoniques sphériques. Au début du $20^{\text{ème}}$ siècle, quand la physique atomique a été développée, ces fonctions étaient essentielles pour comprendre la nature ondulatoire des électrons (voir aussi figure 18).

Les chercheurs ont depuis approfondi l'analyse de ces oscillations héliosismiques. Elles permettent de déduire la vitesse du son et, en conjonction avec d'autres hypothèses, de déterminer la température et la densité. Il est cependant important de garder à l'esprit que les résultats de l'héliosismologie ne fournissent en aucun cas une confirmation indépendante du modèle solaire standard, peu importe à quel point ses adhérents chérissent l'accord impressionnant entre les données et le modèle. Il est facile d'être ébloui par ce que certains auteurs prétendent être une étonnante coïncidence entre la théorie et l'observation.[66] Pourtant, cela fait référence à l'intérieur solaire, alors que les comparaisons pour les 5% extérieurs du Soleil manquent ! Malheureusement, toutes les données d'observation sont acquises précisément là.[67] Par conséquent, ces affirmations semblent moins que convaincantes.

En revanche, il n'y a aucun problème à réinterpréter les données dans le modèle de l'hydrogène métallique liquide en principe, bien qu'il soit vrai que cela n'a pas encore été fait. Cependant, il reste un hic : il est difficile de concilier ces oscillations bien définies avec l'idée d'un corps gazeux. Le problème principal est qu'il faut définir une surface nodale où l'oscillation s'annule et il n'y a pas d'autre choix que la photosphère. Les astronomes promouvant le modèle gazeux doivent nier l'existence d'une surface réelle et donc postuler une série de mécanismes d'opacité qui créeraient l'illusion d'une surface optique. Mais une telle surface optique n'a rien à voir avec la sphère qui définit la surface nodale des oscillations mécaniques. En d'autres termes : la prétendue coïncidence de ces deux surfaces est un autre miracle dont le modèle gazeux a besoin pour survivre.

L'héliosismologie, les ondes de surface et les éjections de masse coronale sont des phénomènes que nous avons passés en revue dans ce chapitre qui montrent clairement l'existence d'une surface réelle. Le fait que le modèle solaire standard repose absolument sur l'inexistence d'une telle surface est assez embarrassant, mais la science, dans son essence, est une entreprise sans merci. Entre-temps, une énorme quantité de preuves d'une surface réelle s'est accumulée, notamment à partir des observatoires modernes construits dans le but de vérifier le modèle gazeux.

Chapitre 9

Empreintes atomiques : la preuve criminologique

En 1802, le physicien allemand Joseph Fraunhofer a utilisé un mélange sophistiqué de deux types de verre différents, qui a aidé à surmonter ce que nous appelons l'aberration chromatique : ou la diffraction, selon la couleur - un effet désagréable des lentilles conventionnelles qui empêchait l'identification exacte des raies spectrales. Grâce à sa technologie révolutionnaire, Fraunhofer a pu séparer des lignes dont la longueur d'onde ne différait que de 0,2 nanomètre et a immédiatement réussi à mesurer un spectre solaire avec une précision sans précédent. À la grande surprise de tous, non seulement la belle distribution de couleurs semblable à un arc-en-ciel était visible, mais également environ 200 longueurs d'onde identifiables auxquelles la lumière manquait. Le phénomène, bien que significatif, manquait d'explication à l'époque (rappelons-nous que nous avons 80 ans d'avance sur Balmer). Comme il est évident à l'époque moderne, cependant, les fréquences distinctes caractéristiques des atomes, telles que mesurées par Balmer, manquaient simplement ici. Qu'est-ce qui a bien pu se passer ?

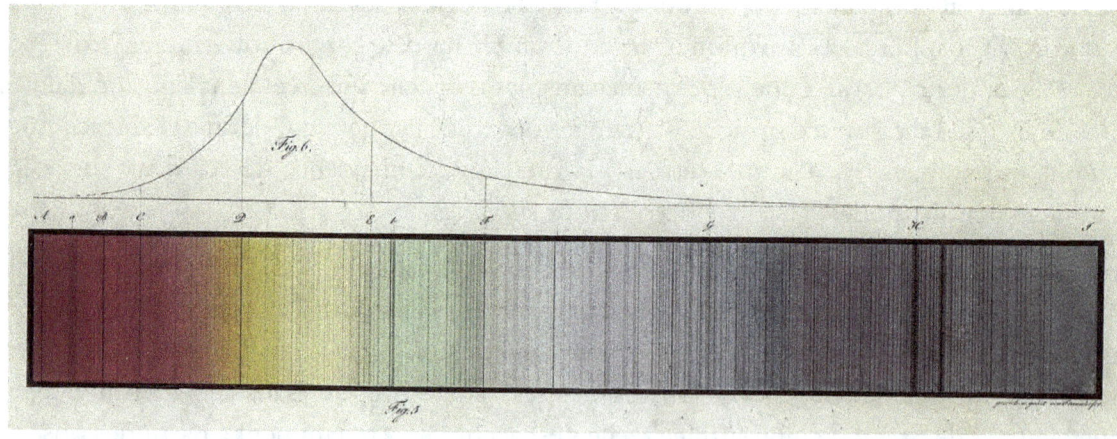

Figure 41. Spectre dans la publication originale de Fraunhofer

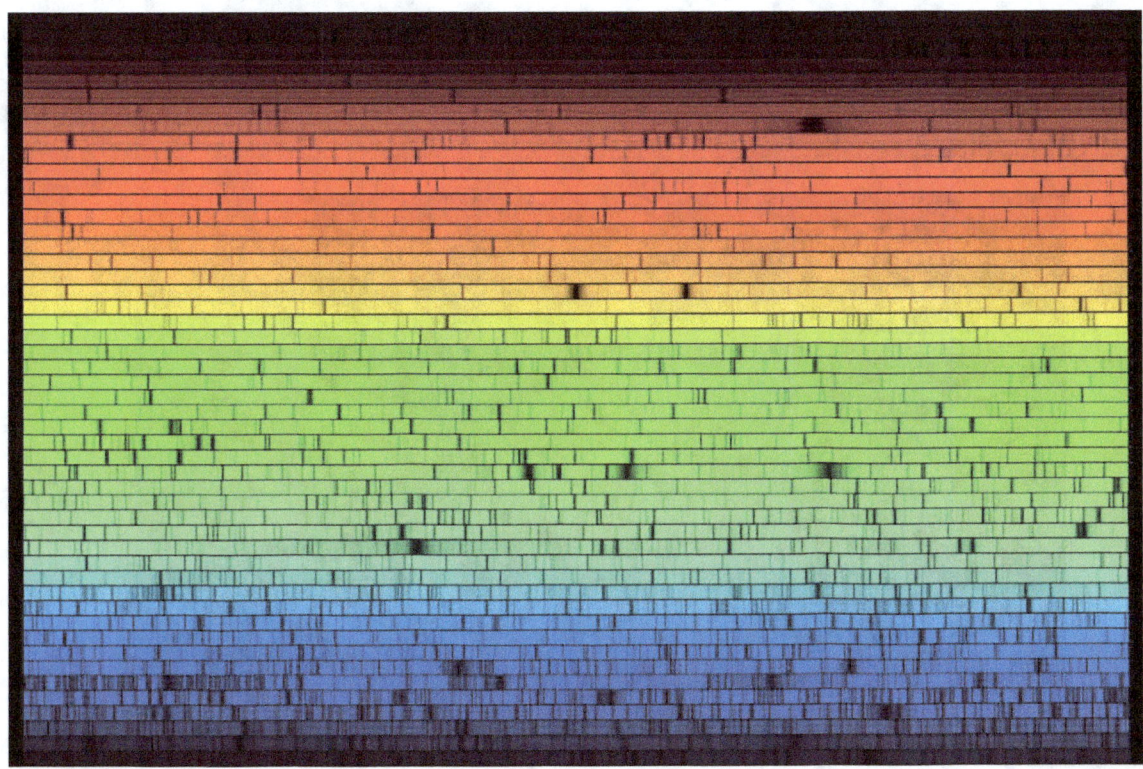

Figure 42. Mesure moderne du spectre de Fraunhofer

La beauté des lignes manquantes

Il existe une belle expérience de table de cuisine qui montre le principe clé de cet effet. Si nous répandons du sel sur un brûleur de camping à gaz, les atomes de sodium inclus dans le sel s'excitent et émettent une lumière jaune à une longueur d'onde caractéristique de 589 nm. Nous savons que ces quanta de lumière sont émis lorsque les électrons sautent d'une couche supérieure à une couche inférieure. Par conséquent, la lumière entrante de la même longueur d'onde peut amener les électrons à atteindre le niveau supérieur. Dans ce cas, l'atome absorbe la lumière. Ainsi, si la flamme est éclairée par une lampe à pression de sodium émettant 589 nm, la flamme projettera une ombre chaque fois que nous répandrons du sel sur la flamme. Le fait est que les atomes de sodium absorbent la lumière d'une certaine direction (de la lampe) et la réémettent immédiatement après dans des directions aléatoires. Cela se voit quand nous observons la flamme de côté. Cependant, si nous regardons dans la direction d'origine vers la lampe à travers la flamme, presque toute la lumière a disparue en raison de ce processus de diffusion.

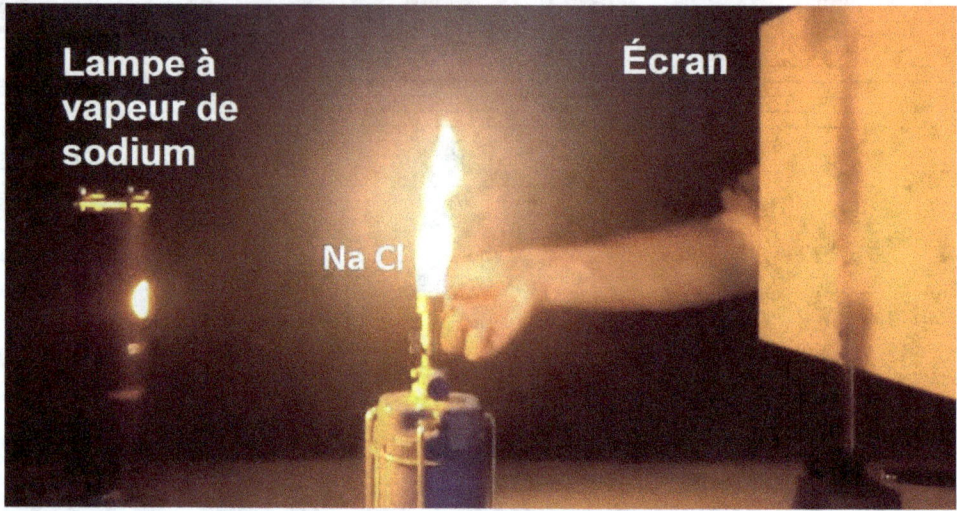

Figure 43. Lampe à vapeur de sodium : les atomes de sodium (Na) émettent une lumière jaune d'une longueur d'onde distincte (598 nm) qui éclaire l'écran. Cependant, les atomes de sodium contenus dans le sel ordinaire peuvent absorber cette lumière et la réémettre dans des directions arbitraires, provoquant ainsi une ombre sur l'écran. Ceci est analogue à ce que nous observons dans le spectre de Fraunhofer.

La lampe au sodium est donc l'analogue du Soleil si elle n'émet qu'à une seule longueur d'onde, tandis que le sel correspond aux atomes juste au-dessus de la photosphère. Imaginez maintenant que les atomes soient illuminés par les couleurs continues du spectre du corps noir de la photosphère. Tandis que la lumière provenant de la direction du Soleil est absorbée (et réémise dans une direction arbitraire), elle amène les observateurs terrestres à identifier une ombre précisément à ces longueurs d'onde caractéristiques de l'atome. C'est ce que nous appelons un spectre d'absorption (dans lequel seules quelques lignes de continuum manquent), contrairement au spectre d'émission (où seules quelques lignes sont présentes). Le spectre d'absorption le plus célèbre a été observé par Fraunhofer en 1813.[1] Cependant, ce n'est qu'en 1859 que Kirchhoff et Bunsen ont lié les raies de Fraunhofer à la présence d'atomes. Les gens qui avaient affirmé qu'il ne serait jamais possible de déterminer la composition chimique des étoiles ont soudainement vu qu'ils s'étaient trompés.

La chromosphère : le négatif de Fraunhofer, mais pas tout à fait

Ce que nous voyons dans le spectre d'absorption de Fraunhofer est en effet une empreinte digitale de tous les atomes présents au-dessus de la photosphère. Tournons maintenant notre attention vers l'analogue de la lumière, qui est réémise par le sodium dans la flamme. Cela correspond à la région au-dessus de la photosphère où la lumière est absorbée et réémise, appelée la chromosphère. Si nous nous rappelons l'expérience, il est clair que la lumière absorbée et réémise est constituée d'une seule longueur d'onde caractéristique de l'atome. Par conséquent, bien que les atomes de la chromosphère se voient offrir n'importe quelle longueur d'onde, la réémission ne montre que les raies distinctes qui les caractérisent. C'est exactement ce qui se passe si nous jetons un regard latéral sur la chromosphère, ce qui est possible pendant une éclipse. Une partie de la lumière émise par la surface du Soleil est diffusée à angle droit et donc dirigée vers la Terre.

Il convient de souligner ici que cette image fournit une explication logique de la meilleure preuve dont nous disposons, à savoir les spectres de la photosphère avec le spectre d'absorption des raies de Fraunhofer et les spectres de la chromosphère/couronne visibles aux éclipses solaires. À première approximation, le spectre chromosphérique est un complément des raies de Fraunhofer. Les mêmes atomes sont à l'œuvre ici. Lorsque nous observons la photosphère, ces atomes absorbent une grande partie de l'émission de la ligne de visée à des longueurs d'onde spécifiques et nous voyons les lignes manquantes. Quant nous observons plutôt la couronne ou la chromosphère, notre ligne de visée est perpendiculaire à la direction d'origine de l'émission, et les mêmes atomes, après absorption et réémission, viennent de dévier la lumière vers nos télescopes.

---

[1] Le physicien britannique William Wollaston avait déjà détecté des lignes manquantes en 1802, mais les résultats de Fraunhofer, en raison de leur précision, ont attiré beaucoup plus d'attention.

La figure 44 montre l'impressionnant spectre d'émission chromosphérique, qui n'est bien sûr pas visible pendant la lumière du jour habituelle. Nous pouvons imaginer la chromosphère comme un océan d'hydrogène liquide recouvrant la photosphère, rempli d'autres atomes/molécules qui nous montrent leurs empreintes spectrales.

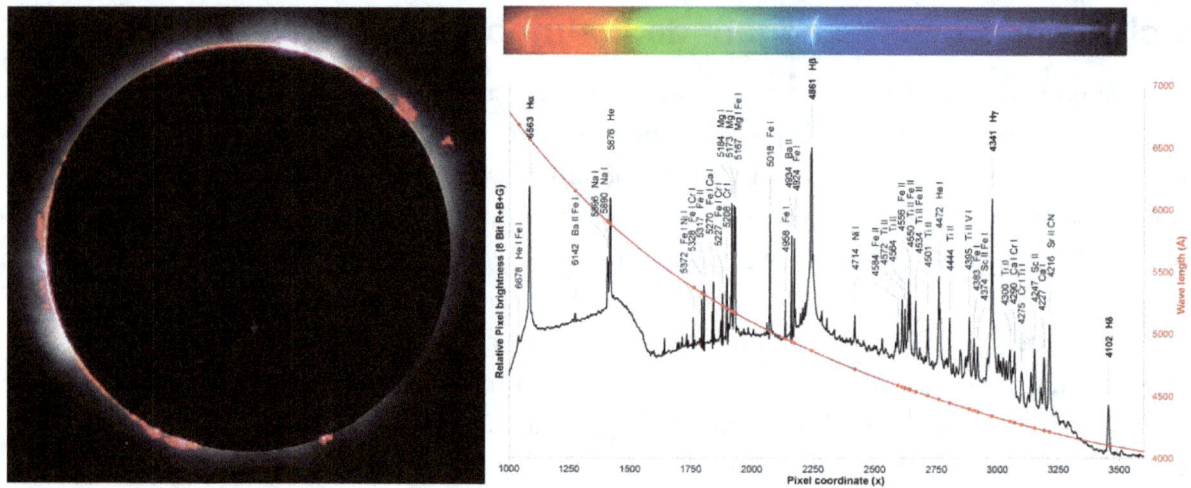

Figure 44. À gauche : Chromosphère pendant une éclipse, atteignant la couronne inférieure. À droite : spectre correspondant.

Pour revenir à l'hydrogène métallique liquide, il devient maintenant clair que l'image sophistiquée d'un spectre continu, dans lequel les raies de Fraunhofer manquent, trouve son explication très naturelle avec une surface semi-métallique capable de produire un spectre continu et la chromosphère au-dessus qui contient diverses substances, sous forme moléculaire ou même atomique ou ionique. Cette couche d'atomes, d'ions et de molécules est transparente en principe, à l'exception des fréquences distinctes (longueurs d'onde) caractéristiques de ces espèces. Dans le modèle solaire standard, cette couche du Soleil, la chromosphère, est décrite comme un plasma gazeux, tout comme la couche émettrice, la photosphère. Il est à peine concevable qu'un plasma gazeux puisse former ces deux couches distinctes qui diffèrent si fondamentalement par leurs propriétés physiques. L'existence même du spectre de Fraunhofer est donc déjà une preuve contre le modèle solaire standard, tandis que les deux mécanismes différents d'émission et d'absorption de la lumière sont bien expliqués par les deux états différents de la matière impliqués.

Les mauvaises empreintes digitales

Cependant, le spectre d'absorption de Fraunhofer et le spectre d'émission chromosphérique contiennent une multitude de données qui peuvent fournir des preuves supplémentaires pour décider quel modèle est le bon. Pour évaluer cette preuve, nous devons rappeler les hypothèses du modèle solaire standard. Selon la sagesse établie, la photosphère a une densité de $2 \cdot 10^{-4}$ kg/m³, ce qui est déjà proche du vide sur Terre et la chromosphère au-dessus est supposée avoir environ $1,6 \cdot 10^{-11}$ kg/m³ à sa limite extérieure.[68] Dans de telles conditions, les atomes et les molécules forment un gaz mince, ce qui signifie qu'ils sont isolés les uns des autres, sauf dans les rares cas où une particule se heurte à une autre. La fréquence et l'intensité de ces collisions sont uniquement déterminées par la densité et la température et se produisent de manière aléatoire. Chaque collision peut provoquer l'élévation d'un électron vers une couche atomique supérieure, ce qui conduit ensuite à la libération d'un photon lorsque l'électron saute à nouveau. Ces procédés sont bien connus et largement étudiés en laboratoire. Les observations confirment ce que nous savons des règles qui régissent le comportement de ces électrons sauteurs. Par exemple, certaines transitions sont « interdites » en raison du fait que l'électron ne peut pas facilement changer de spin lorsqu'il se déplace entre les niveaux d'énergie. L'ensemble de ces lois est appelé *règles de sélection* et, avec l'apparition de lignes de séparation[I] dues au spin orbital et électronique, détermine quelles transitions peuvent être attendues et lesquelles non. Bien que la question soit considérablement compliquée en raison du grand nombre d'atomes et d'états d'excitation différents impliqués, le spectre est une conséquence directe de ce que nous savons de la physique atomique. Ainsi, étant donné l'hypothèse du modèle gazeux que les atomes sont bien des acteurs indépendants, nous pouvons calculer l'intensité des raies spectrales issues des excitations aléatoires par les collisions. Hélas, lors de l'analyse du spectre de la chromosphère, une myriade de contradictions surgit.

[I] Voir aussi https://en.wikipedia.org/wiki/Hund%27s_rules.

Robitaille a publié et expliqué plusieurs de ces problèmes en détail. Puisqu'il pourrait y avoir une monographie entière écrite sur le spectre de la chromosphère, nous devons nous limiter à quelques exemples clés. Selon le modèle solaire standard, il devrait y avoir quatre raies d'hélium excité visibles dans la chromosphère : à 728 nm, 706 nm, 668 nm et 587 nm. Cependant, les raies 728 nm et 668 nm sont totalement absentes.[69] Si les lignes se produisaient simplement en raison d'excitations aléatoires régies par la température, cela aurait été impossible. Les astronomes ont également observé que de nombreux atomes d'hélium de la chromosphère ont été ionisés (c'est-à-dire qu'ils ont perdu un électron). Toutefois, cela nécessiterait des températures supérieures à 200 000 K - une absurdité physique. Il a donc été postulé que les photons étaient les coupables qui avaient projeté l'électron (photodissociation), sans expliquer pourquoi cela n'arrivait pas aux autres atomes.

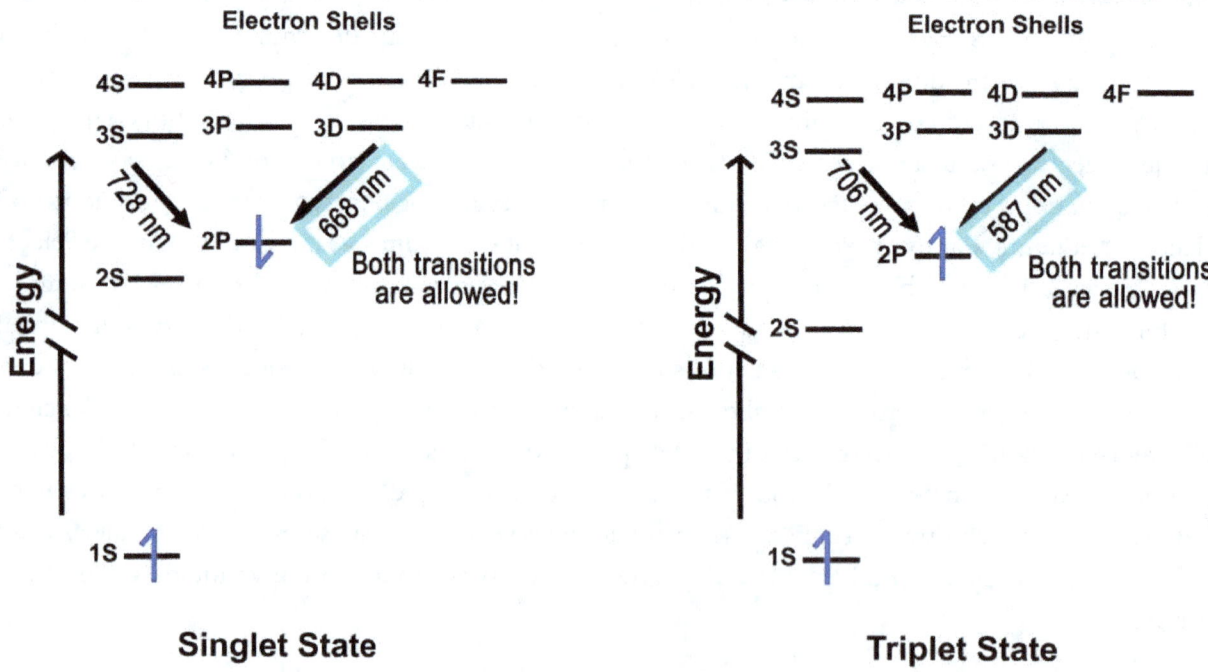

Figure 45. Schéma énergétique des transitions dans l'atome d'hélium. Alors que les transitions à 668 nm et à 587 nm sont autorisées, seule la dernière (bordé de couleur) est observée.

Où la physique se termine… et la chimie commence

En revanche, certaines raies ont une intensité incroyable qui défie toute explication dans le cadre du modèle solaire standard. Par exemple, le calcium, élément relativement rare dans l'atmosphère solaire,[70] présente des raies à 490 nm et 860 nm de même intensité que la raie H provenant de l'hydrogène 10 000 fois plus abondant.[71] Ce que nous pouvons observer ici postule continuellement des mécanismes de plus en plus exotiques pour les contradictions sans fin, plutôt que d'accepter le simple fait que la chromosphère n'est pas à l'état simplement gazeux. Dans le modèle solaire standard, la chromosphère et la photosphère ont toutes deux une densité beaucoup trop faible pour rendre compte de ce qui est observé.

Par contre, le modèle de l'hydrogène métallique liquide doit supposer des densités à la fois dans la photosphère et la chromosphère qui sont des ordres de grandeur plus élevés que dans le modèle solaire standard. L'hypothèse d'un gaz léger n'a plus de sens. Comme nous l'avons vu à partir des estimations de la densité requise pour presser l'hydrogène dans un état métallique au chapitre 5, la chromosphère doit également posséder de la matière condensée, bien que dans un état liquide mais moléculaire. Il devient immédiatement clair que l'hypothèse d'excitations atomiques aléatoires responsables de tant de contradictions n'est plus valable. Les particules ne se déplacent pas librement avec des collisions occasionnelles mais sont en contact continu les unes avec les autres. Étant donné le contact permanent des coquilles atomiques, il est alors évident que les atomes et les molécules ont amplement l'occasion de réarranger leurs électrons externes selon ce qui est énergétiquement avantageux. C'est ce que nous appelons une réaction chimique. Prendre cela en considération revient à regarder les spectres de Fraunhofer et les spectres d'émissions chromosphérique avec des yeux différents. De nombreuses lignes inexplicablement fortes ont maintenant un sens. Ce qui semblait être une complication inintelligible dans la vision conventionnelle devient maintenant une nécessité logique. Robitaille a ainsi non seulement signalé les problèmes du modèle solaire standard mais aussi trouvé une série d'exemples où les raies spectrales supportent activement l'occurrence d'une réaction chimique donnée. Bref, l'atmosphère solaire n'est pas seulement physique mais aussi chimique.

De nombreuses raies spectrales témoignent de telles réactions de condensation dans la chromosphère, qui ne sont cependant visibles que dans le spectre d'émission. Les amas d'atomes d'argent sont un exemple bien connu en laboratoire où un tel spectre apparaît.[72] Dans la chromosphère, nous observons à la place la raie à 468,6 nm de l'hélium ionisé – quelque chose qui ne pourrait pas exister en dessous d'une température de 40 000 K si nous en croyons la thermodynamique – prouvant à nouveau une réaction chimique.[73] Les réactions qui sont si éloignées de l'équilibre thermodynamique ne se produisent généralement pas dans le sens inverse, c'est pourquoi elles *ne sont pas* visibles dans le spectre d'absorption de Fraunhofer. C'est pourquoi le spectre chromosphérique, bien que similaire, ne ressemble pas exactement à l'opposé des raies de Fraunhofer. Dans un modèle solaire standard qui utilise la thermodynamique d'équilibre, il n'y a aucune explication à cela. La chimie fait ici la différence.

Les températures sont supposées augmenter avec la hauteur dans la chromosphère, non pas parce que cela est mesuré de manière fiable, mais pour établir une transition en douceur vers la couronne, où des températures encore plus élevées sont postulées. Ceci sera abordé dans le chapitre suivant. Cependant, la spectroscopie fausse clairement cette image : les raies d'absorption du monoxyde de carbone montrent une température entre 3 500 K et 4 000 K dans la chromosphère supérieure.[74]

Plus nous entrons dans les détails dans l'évaluation de cette énorme quantité de preuves spectroscopiques, plus il devient évident que nous avons besoin d'un changement de paradigme. Je ne peux qu'encourager le lecteur à consulter les résultats respectifs dans les articles,[75] dont beaucoup ont été visualisés sur la chaîne YouTube *SkyScholar de Robitaille*.[76]

La présence de monoxyde de carbone moléculaire froid à des températures inférieures au minimum de température précédemment établi a mis à l'épreuve notre compréhension de la structure thermique de base des diagnostics solaires des atmosphères stellaires froides. – TA Schad[77]

Résumé de l'image alternative

Présentons un résumé du modèle de l'hydrogène métallique liquide jusqu'à présent. Nous savons mieux ce que nous voyons mieux et c'est la photosphère, qui est évidemment une surface distincte. La photosphère doit être un liquide dans un état capable d'émettre un corps noir, donc métallique ou semi-métallique. La structure visible dans les granulés, leurs propriétés de remplissage de l'espace 2D et les vitesses verticales mesurées (vers le haut au centre, vers le bas dans les couloirs) soutiennent cette image d'une dynamique proche de la convection de Bénard. Étant donné que la couche au-dessus de l'hydrogène semi-métallique liquide doit être autre chose, la seule hypothèse raisonnable est que l'hydrogène moléculaire forme la chromosphère, la photosphère servant de frontière entre les états semi-métallique et moléculaire. Le matériau métallique entrant au centre des granules s'évapore, tandis que l'hydrogène moléculaire dans la région des voies est transporté vers le bas, où la pression croissante le retransforme en phase semi-métallique. La quantité massive d'énergie entreposée dans les transitions de phases, dont nous avons discuté au chapitre 6, corrobore certainement cette image.

Comme nous l'avons vu dans le calcul approximatif du chapitre 5, la phase métallique doit avoir une densité de plusieurs centaines de kg/m^3, ce qui nécessite une pression élevée. Bien que la métastabilité puisse permettre à l'hydrogène métallique d'exister à pression modérée, il est tout de même probable qu'elle doive être de plusieurs 10^{10} Pa, voire 10^{11} Pa. Cela entraîne des conséquences sur la chromosphère, qui doit fournir suffisamment de matière pour créer une telle pression hydrostatique. Il est important ici de garder à l'esprit que la densité de la chromosphère ne peut pas décroître avec l'altitude de manière exponentielle, comme dans le cas de l'atmosphère terrestre. La haute pression comprimerait le gaz, comme dans la phase moléculaire, à un état si dense qu'il pourrait presque être considéré comme un liquide (bien qu'au-dessus du point critique). Cependant, la densité de ce liquide moléculaire est déterminée par la taille de la molécule et s'élève à 70 kg/m^3 même à très basse température et à pression modérée, contrairement au liquide métallique qui se forme à environ 400 kg/m^3. La différence visible est, bien sûr, que l'état semi-métallique émet comme un corps noir, tandis que l'état moléculaire est presque transparent. Cependant, un gaz/liquide moléculaire dense de plusieurs milliers de kilomètres serait suffisant pour créer la pression requise, comme nous l'avons soutenu ci-dessus.[1] Au-dessus de la chromosphère, il y a finalement une région dans laquelle l'hypothèse d'un gaz parfait serait justifiée. Ce que nous appelons la partie inférieure de la couronne pourrait en effet être constituée d'hydrogène décrit par la formule barométrique, décrivant une décroissance exponentielle de la densité avec l'augmentation de la hauteur.

---

[1] Cfr . Figure 21 (droite) au chap.5.

Choses bien connues de la formule barométrique : la hauteur d'une atmosphère dans laquelle la densité chute à la moitié du niveau précédent est déterminée par l'expression kT/mg, m étant la masse de la molécule moyenne, g étant la gravité locale, T la température et k la constante de Boltzmann. Par rapport à la Terre, la gravité à la surface du Soleil est multipliée par 28, la température par 20 et l'hydrogène est 29 fois plus léger que l'air, ce qui fait passer la demi-hauteur de l'atmosphère de 5,5 km de la Terre à environ 110 km. Cela signifie qu'à 1 100 km (dix couches) au-dessus du niveau où la formule s'applique en premier, la densité a déjà chuté à $1/2^{10} \approx 1/1\,000$. Une telle décroissance exponentielle avec la hauteur conduirait alors à de faibles densités dans la haute atmosphère qui se rapprocheraient progressivement des prédictions du modèle solaire standard.

La quantité clé est la densité.

Si nous descendons de la photosphère vers l'intérieur du Soleil, nos connaissances s'estompent naturellement, puisque nous n'avons pas d'observations directes. Pourtant, il existe certains faits sur lesquels nous pouvons nous appuyer pour construire un modèle raisonnable. Puisque la densité dans le modèle de l'hydrogène métallique liquide est déjà élevée à la photosphère, il n'est pas nécessaire de postuler de telles densités à l'intérieur du Soleil. Une combinaison de pression et de température doit cependant conduire à la fusion nucléaire de l'hydrogène en hélium et il ne fait aucun doute qu'elles fournissent l'énergie produite par le Soleil. Il est intéressant d'envisager d'autres scénarios de réactions nucléaires, mais cela ne change pas notre image en principe.

Les énormes pressions requises par l'état métallique liquide ont conduit les gens à écarter la possibilité qu'il soit le principal constituant du Soleil. En effet, la photosphère est supposée avoir une densité marginale de $10^{-4}\,kg/m^3$ et une pression un million de fois inférieure. Cependant, il ne faut pas oublier que ces valeurs ne sont que le résultat d'une modélisation théorique induite par le postulat de l'état gazeux et ne sont pas étayées par des observations directes. En fait, les pressions et densités extrêmement basses dans la chromosphère, la photosphère et les couches supérieures du Soleil jettent un doute sur la validité du modèle solaire standard en tant que tel. D'un point de vue intuitif, il est à peine imaginable qu'une étoile, avec la masse 300 fois la Terre et la gravité locale 28 fois, ait une atmosphère 10 000 fois moins dense que celle de la Terre.

Néanmoins, comme je l'ai souligné au chapitre 5, le modèle de l'hydrogène métallique liquide possède également quelques problèmes pour décrire l'énorme pression de 100 GPa requise pour cet état. Pour atteindre une telle valeur et maintenir l'hydrogène sous sa forme semi-métallique, il faut supposer une couche d'hydrogène gazeux dense de quelques milliers de kilomètres se trouvant au-dessus de la surface liquide de la photosphère. Ceci n'est pas déraisonnable et expliquerait probablement mieux l'absorption considérable observée dans le spectre de Fraunhofer.[1]

Le lecteur peut ne pas être entièrement satisfait par le modèle de l'hydrogène métallique liquide et signaler ses difficultés inhérentes ou même se plaindre qu'il n'a pas encore livré une description quantitative de tous les phénomènes solaires qui peuvent sembler assez complexes. Cependant, la complication qui surgit ici est naturelle puisque Robitaille prend la nature telle qu'elle est et tente d'interpréter les phénomènes en reconnaissant leur richesse. Le modèle solaire standard, en revanche, postule une construction théorique non physique, extrêmement simplifiée, qui n'a que peu à voir avec la réalité. Son seul avantage est qu'il offre un arsenal de méthodes théoriques que les physiciens sont impatients d'appliquer, indépendamment des preuves contradictoires qui échouent souvent par ordre de grandeur lors de la comparaison des prédictions aux observations. Les hypothèses secondaires alors invoquées pour sauver le modèle de la falsification ont conduit à une complication *théorique,* qui a toujours été le signe de mauvaises théories et n'a rien à voir avec la physique compliquée qui se manifeste parfois dans le monde réel.

---

[1] Robitaille n'est pas d'accord ici, il argumente que les températures élevées jouent également un rôle dans le problème car elles aident les électrons à rester dans les bandes de conduction.

Partie IV. La révolution à venir

Chapitre 10

À la recherche de preuves décisives :
Ce que nous pouvons espérer

En ce moment, il y a des missions spatiales en cours qui se rapprochent du Soleil comme jamais auparavant. Ces missions ont été annoncées comme « touchant » la couronne du Soleil, ce qui est un peu intenable, puisque l'approche la plus plausible serait d'environ 10 rayons solaires. Pourtant, comme nous le verrons, la technologie est impressionnante. L'objectif principal de ces missions était d'explorer la couronne et éventuellement de jeter la lumière sur l'une des contradictions vexantes de la physique solaire : le chauffage coronal.[78]

Le problème du chauffage coronal découle probablement de l'hypothèse erronée d'un équilibre thermodynamique et des calculs qui sont effectués sous cette prémisse. Remarquablement, du fer hautement ionisé a été identifié sans ambiguïté dans des régions de la couronne situées à plus de 50 000 km au-dessus de la photosphère. Ces atomes ont perdu 13 ou même 14 électrons – plus de la moitié des 26 électrons avec lesquels le fer est caractérisé. Si nous supposons un équilibre thermique, il s'ensuit que des collisions entre atomes en seraient le seul mécanisme possible. Puisque l'énergie d'ionisation du 14e électron s'élève à un énorme 200 eV, cela signifie que la température correspondante serait de l'ordre de millions de degrés. C'est plus d'un facteur de 1 000 supérieur du haut de la chromosphère, qui est connue pour avoir environ 4 000 K. Évidemment, ce n'est pas une erreur que nous pouvons espérer corriger facilement.

Plus chaud que permis : Il y a un problème, mais pas de chauffage coronal.

Rappelons qu'à première vue, il n'y a pas de source d'énergie évidente dans la couronne solaire, et apparemment, cette température de millions de Kelvin devrait être acquise par le rayonnement de la surface à 5 800 K. Ceci est en contradiction avec la deuxième loi de la thermodynamique, qui stipule que la chaleur ne peut jamais circuler d'une région plus froide vers une région plus chaude. Les physiciens solaires ont donc discuté des mécanismes de chauffage qui sont « non thermiques », bien qu'il ne soit pas tout à fait clair comment ceux-ci échapperaient aux lois de la thermodynamique.

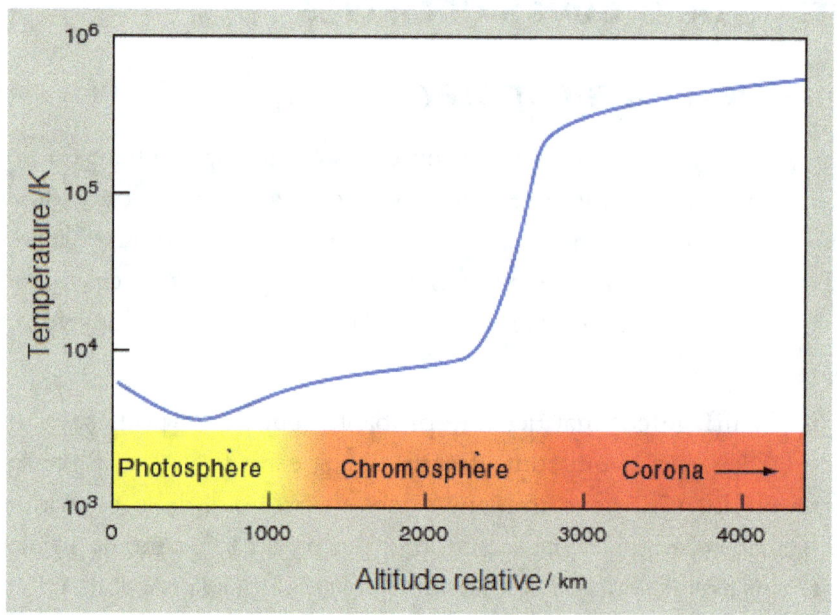

Figure 46. Modèle conventionnel de température dans l'atmosphère solaire. Notez l'échelle logarithmique. La température et l'extension de la chromosphère sont incorrectes, car à 4 000 km, la température est encore inférieure à celle de la photosphère.[79]

Une théorie qui a été discutée est celle du chauffage par ondes plasma, du nom de Hannes Alfvén, un éminent physicien (aux idées souvent hétérodoxes) qui a reçu le prix Nobel en 1970. Ces ondes d'ions oscillants peuvent se déplacer le long des lignes de champ magnétique, qui jouent un rôle dans le deuxième mécanisme qui a été proposé. Lorsque les lignes de champ magnétique traversant la surface solaire deviennent trop enchevêtrées, elles se brisent et libèrent de l'énergie dans un processus appelé une « reconnexion magnétique ». Les deux phénomènes manquent d'un mécanisme évident pour un tel transport de chaleur et sont difficiles à quantifier. Nous reviendrons à ceci plus tard.

Les physiciens ont depuis introduit des hypothèses supplémentaires qui tentent d'apporter des explications à cet excès de température. Cependant, bien que chacun puisse provoquer de légères déviations, elles représentent à peine une augmentation de température de 1 000 fois. Plutôt que d'essayer de résoudre le problème avec plus d'hypothèses, nous devrions soupçonner qu'il doit y avoir un défaut fondamental dans les hypothèses qui ont créé le problème. Si nous regardons les données brutes, ce qui est toujours une bonne idée, nous voyons la présence de fer hautement ionisé, mais il n'y a aucune connaissance a priori sur la façon dont *cela* s'est produit. Ainsi, au lieu de postuler des températures excessivement élevées, il faut rechercher d'autres moyens possibles pour que les atomes de fer puissent se débarrasser de leurs électrons. Heureusement, le modèle de l'hydrogène métallique liquide suggère un tel mécanisme. La surface hautement turbulente et « bouillante » du Soleil, constituée d'hydrogène métallique, projette continuellement de la matière, comme le démontrent les éjections de masse coronale. Bien que l'hydrogène métallique liquide, manquant de pression suffisante, subisse une transition de phase vers l'état moléculaire, il y aura toujours de nombreuses gouttelettes[1] de ce type présentes dans la chromosphère. En même temps, les gouttelettes d'hydrogène métallique liquide peuvent être fortement ionisées, car les électrons ne sont pas étroitement liés et le mouvement favorise leur perte. Selon les dires de Robitaille, cet hydrogène métallique est affamé d'électrons et, si un malheureux atome de fer se présente, il peut être dépouillé de tous ses électrons. Pour les corps macroscopiques tels que les gouttelettes (ou brins) d'hydrogène métallique liquide, il est beaucoup plus facile de perdre une charge électrique et de gagner par conséquent un énorme potentiel électrique. Considérez qu'en marchant sur une moquette, vous pouvez atteindre un potentiel électrique de plusieurs milliers de volts, comme en témoignent les petites étincelles que vous ressentez parfois en touchant un conducteur. Pour des gouttelettes d'hydrogène métallique, il serait très naturel de perdre

---

[1] Plutôt que des gouttelettes, Robitaille préfère supposer des brins d'hydrogène métallique au niveau desquels se produit une condensation.

des électrons par frottement. C'est un mécanisme beaucoup plus raisonnable qui peut expliquer les ions de fer observés. En plus de cela, des calculs plus détaillés basés sur le modèle conventionnel ont échoué de manière spectaculaire à prédire de façon incorrecte le rapport des ions respectifs. Comme l'écrit Harold Zirin dans sa monographie sur le Soleil :[80]

> *« D'autre part, nous observons que l'abondance des deux ions dans la couronne est presque égale. [...] Ainsi, l'équation de Saha est faussée par un facteur de 100 billions de fois. »*

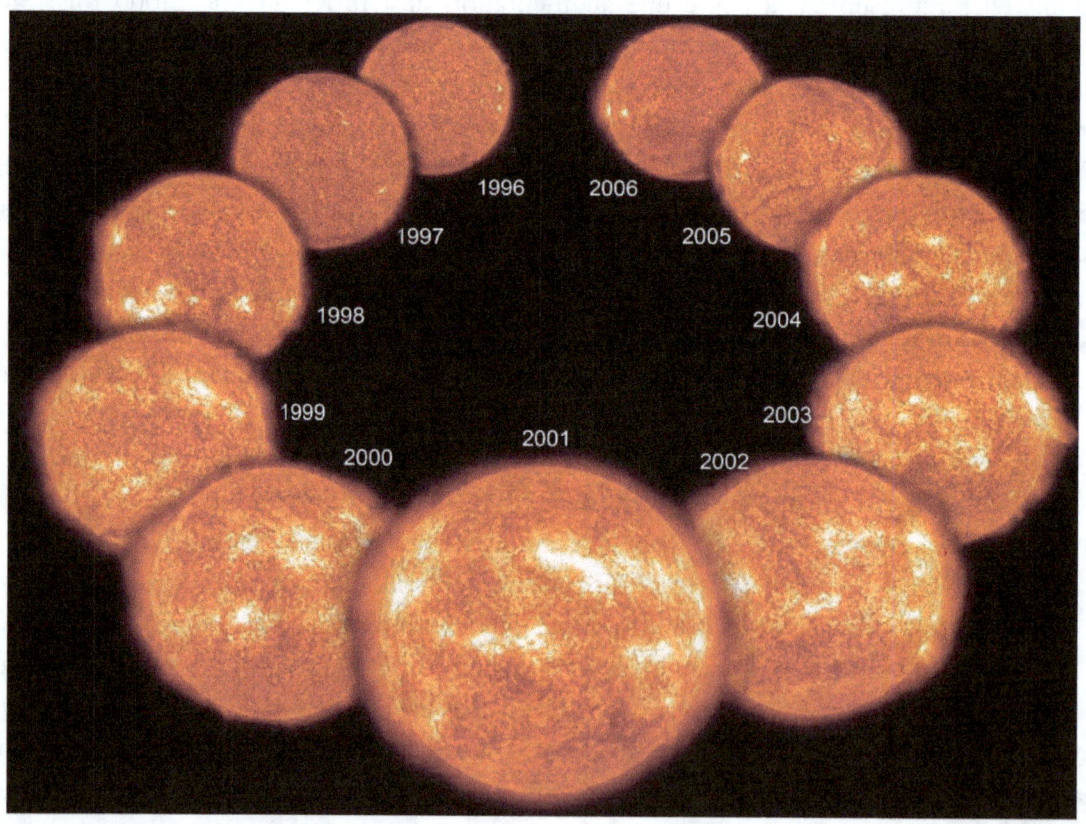

Figure 47. Cycle solaire de onze ans, observé dans la lumière émise par l'hélium ionisé (30,4 nm). Visible à l'œil nu, la lumière s'étend sur plus de 110 % du rayon solaire, bien dans la couronne.

En plus de cela, Robitaille a récemment souligné une autre grave contradiction. Il existe des preuves indéniables de la présence d'hélium ionisé (He II) dans la couronne. Des raies spectrales de 30,4 nm sont visibles à 140 000 km au-dessus de la photosphère,[81] montrant que l'électron restant saute de la deuxième couche à la plus interne. Cependant, selon l'équation de Saha (et même selon le facteur plus simple de Gibbs), ces ions d'hélium ne pourraient jamais exister à des millions de degrés : l'hélium, selon l'équation de Saha, serait déjà entièrement ionisé à 40 000 K.

Le modèle solaire standard explique cette anomalie avec des champs magnétiques censés protéger l'hélium ionisé, ce qui est certainement un postulat ad hoc. Considérant la figure 47, qui est également prise à la longueur d'onde de 30,4 nm, il est à peine compréhensible que le champ magnétique soit responsable de la contrainte de l'éruption en forme d'arc et agisse sur le halo en forme de poussière visible autour du Soleil.

Encore une autre énigme…

Certains experts disent, et cela ne semble pas tout à fait déraisonnable, que le concept de température est surestimé dans son importance. Nous devrions plutôt parler de particules individuelles et de leurs vitesses respectives, étant donné que dans un environnement aussi mince – nous ne parlons que de 10^{14} atomes par mètre cube – la notion de température n'a guère de sens, notamment parce qu'elle néglige la direction du mouvement. Ici, nous rencontrons un autre problème : le vent solaire. Son existence[82] ne fait aucun doute car elle a été mesurée au voisinage de la Terre, bien qu'avec une densité de seulement $5 \cdot 10^6$ particules par mètre cube – principalement des protons et des électrons. Le vent solaire se déplace à des vitesses allant jusqu'à 500 km/s, et si les choses n'étaient pas déjà assez compliquées, nous faisons la distinction entre le vent solaire rapide et lent. Tout cela est très fascinant et soutenu par des données passionnantes recueillies lors de diverses missions spatiales. Pourtant la grande question demeure : d'où vient le vent solaire ? Je me souviens de ma propre croyance naïve que la surface chaude éjecterait simplement de la matière, mais il n'y a aucun moyen pour une explication aussi simple une fois que nous regardons les chiffres. Une surface de 6 000K n'éjecterait jamais de particules qui, après avoir surmonté le potentiel gravitationnel du Soleil, se déplaceraient aussi vite dans le système solaire. Autrement dit, 500 km/s correspondraient à une température de 15 millions de Kelvin.

Encore une fois, les ondes d'Alfvén et la reconnexion magnétique ont été invoquées, ce qui est possible, bien que Robitaille préfère une autre explication.[83] Cependant, cela soulève la question de savoir comment le même mécanisme peut être responsable à la fois d'une accélération non dirigée (échauffement coronal) et de l'éloignement des particules du Soleil. Pour ajouter à la problématique, le vent solaire lent semble être accéléré dans la région entre 5 et 25 rayons solaires. C'est quelque chose que nous pouvons espérer mesurer directement.

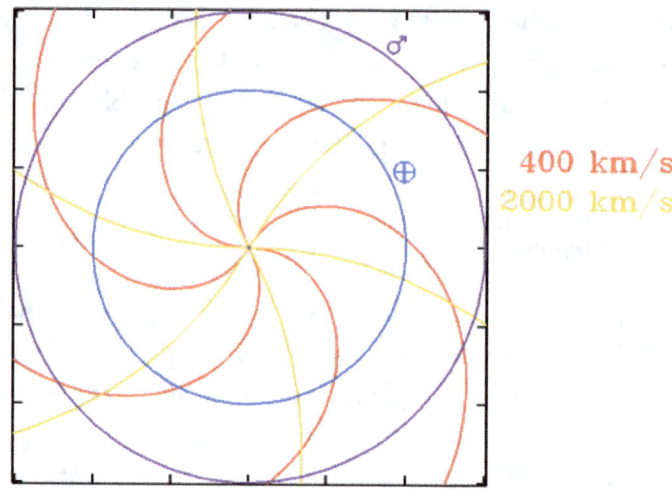

Figure 48. Une image schématique de la direction du vent solaire dans le système solaire. La rotation du Soleil et les différentes vitesses forment des spirales de courbures différentes dans lesquelles se déplacent les vents solaires lents et rapides.

La sonde solaire Parker, un satellite qui a été lancé le 12 août 2018, s'est rapprochée du Soleil plus que n'importe quelle mission spatiale humaine précédente. Le point le plus proche d'une orbite elliptique s'appelle le périhélie. Déjà en 2022, la sonde Parker s'est approchée d'aussi près que 12 rayons solaires et atteindra le point le plus proche du Soleil le 24 décembre 2024, avec un incroyable 9,6 rayons solaires. En comparaison, la planète la plus intérieure Mercure, qui souffre déjà d'une énorme chaleur, orbite autour du Soleil à 80 rayons solaires. Selon la loi de distance quadratique, cela correspond à une augmentation de 70 fois du rayonnement. Les défis techniques pour protéger les instruments sensibles de la forte insolation sont considérables. Une approche plus près de quatre rayons solaires avait été initialement prévue mais a ensuite été annulée pour des raisons budgétaires sous l'administration du président Bush.

Hormis la course pas toujours saine d'établir de nouveaux records scientifiques, que pouvons-nous attendre de la sonde solaire Parker ? Les médias scientifiques ont parlé à plusieurs reprises de la sonde étant « entrée dans la couronne », ce qui est un peu trompeur puisque la luminosité respective est 10 000 fois inférieure à la luminosité de la couronne lors d'une éclipse solaire (qui est, encore une fois, 10 000 fois moins lumineuse que la photosphère elle-même).

Cependant, les mesures directes dans cette région sont certainement parmi les meilleures observations dont nous disposons. Il y a quatre instruments transportés par la sonde : L'enquête sur les champs électromagnétiques (FIELDS) qui se compose de deux types d'instruments de mesure de magnitude et de cinq capteurs de tension sera capables de mesurer les champs électriques et magnétiques. L'étude scientifique intégrée du Soleil (IS⊙IS) mesurera l'énergie des électrons, des protons et des ions lourds. L'imageur à champ large pour sonde solaire (WISPR) en tant qu'instrument optique nous fournira des images de la couronne et de l'héliosphère qui seront certainement passionnantes. L'instrument le plus intéressant, cependant, pour nos besoins semble être le « Solar Wind Electron Alphas and Protons » (SWEAP). Selon la description, il comptera les électrons, les protons et les ions d'hélium et mesurera leur vitesse, leur densité et leur température.

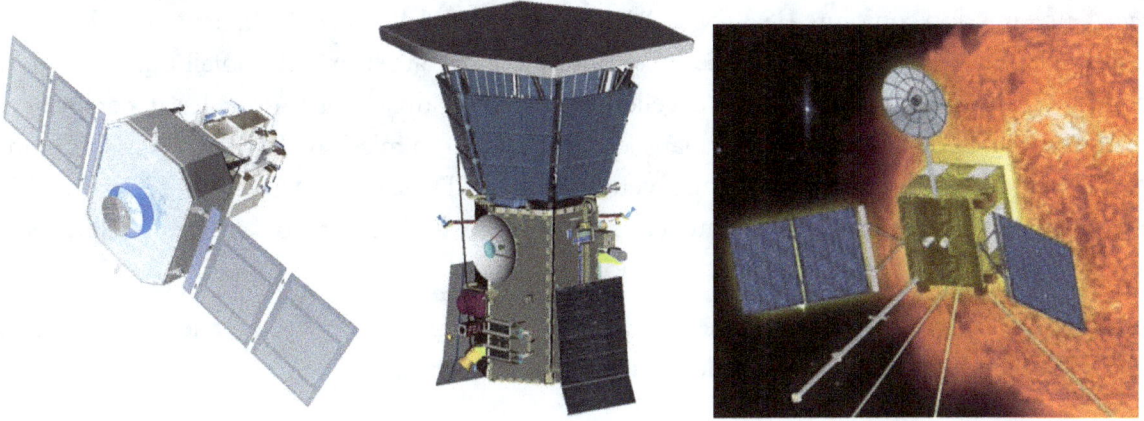

Figure 49. SOHO, la sonde solaire Parker, Solar Orbiter.

Missions en cours

Nous devons admettre, cependant, que la théorie de l'ionisation non seulement donne la mauvaise température, mais ne tient pas compte des nombreux stades d'ionisation observés dans la couronne. Il est possible que les variations de température expliquent ce fait [...] il est plus probable qu'il y ait quelque chose d'erroné dans notre conception de base du fonctionnement de l'ionisation.– Harold Zirin[84]

Ce que nous pouvons espérer, ce sont de meilleures données sur le vent solaire et le champ magnétique au voisinage du Soleil. Idéalement, des écarts par rapport au niveau attendu qui étayent le modèle de l'hydrogène métallique liquide apparaîtront, bien qu'il soit difficile d'obtenir des preuves décisives. Étant donné que la vitesse des particules du vent solaire éclipse les mesures de température, même l'hypothèse des millions de Kelvins dans la couronne sera difficile à falsifier. Pourtant, aussi dilué que puisse être l'effet à 9,6 rayons solaires, une différence pourrait encore être trouvée. La région autour de 10 rayons solaires est cependant intéressante pour vérifier ce que nous savons du vent solaire. En particulier, son accélération devrait être visible si la sonde polaire de Parker est en mesure de confirmer une vitesse réduite des particules au voisinage du Soleil avant cette accélération.[I]

La sonde solaire Parker n'est pas la première mission vers le Soleil et, bien sûr, pas la seule. L'*orbiteur solaire,*[85] une mission conjointe ESA/NASA lancée au début de l'année 2020, devrait également fournir des résultats intéressants, même si elle ne s'approchera pas aussi près du Soleil que la sonde Parker. En général, nous avons beaucoup d'excellentes données sur le Soleil dont les générations passées d'astronomes ne pouvaient que rêver. Dans les années 1970, la mission HELIOS réalisait les premières mesures de champs magnétiques et de vent solaire.[86] Le satellite SOHO a été particulièrement important dans les découvertes liées au vent solaire et aux comètes, tandis que les satellites STEREO ont fourni des images sans précédent d'éjections coronales.

Des progrès comparables ont été réalisés avec les télescopes terrestres. Le télescope solaire suédois et GREGOR, tous deux situés aux îles Canaries, ont longtemps détenu des records, jusqu'en 2019,

---

[I] Pour le point de vue de Robitaille, voir https://www.youtube.com/watch?v=tfSI5z6_vEw (SkyScholar).

lorsque le télescope Daniel K. Inouye à Hawaï a obtenu sa première lumière à partir d'une impressionnante ouverture de quatre mètres. Nous avons discuté de certaines de ses images époustouflantes dans les chapitres 8 et 9. Il est à la fois possible et souhaitable que l'un de ces instruments ou de futurs instruments fournisse la preuve ultime du modèle de l'hydrogène métallique liquide qui est généralement accepté.

Le modèle global semble être le suivant : il existe de nombreux processus hautement énergétiques provenant du Soleil, y compris les éjections de masse coronale et le vent solaire. Le modèle solaire standard tend à expliquer cela par des phénomènes magnétiques, indéniablement présents et intéressants. Le pouvoir explicatif du modèle de l'hydrogène métallique liquide repose sur les différents états de la matière qu'il suppose et sur les énormes énergies qui peuvent être libérées lors des transitions de phases. Je crois que ce dernier a plus de potentiel pour produire des accords quantitatifs, mais j'admets que c'est un argument intuitif qui doit être corroboré - peut-être avec de nouvelles données spectaculaires.

Cependant, il est également important de comprendre que cela ne se produit pas automatiquement. Normalement, les nouveaux résultats sont interprétés dans le contexte du paradigme dominant et ces paradigmes se sont révélés très résistants même si les preuves contredisent ce qui est à la base du paradigme lui-même. Les tensions progressivement croissantes dans le modèle sont généralement balayées sous le tapis. Nous avons vu que la nouvelle résolution du télescope Daniel K. Inouye sur les images montrant l'extension horizontale des granules n'est guère compatible avec les hypothèses des modèles solaires standards sur la profondeur verticale de la photosphère. Ce problème, bien que déjà présent, était moins prononcé avec les télescopes précédents. Cependant, la réaction aux nouvelles images détaillées ne s'est pas du tout focalisée sur cet aspect. Puisque le progrès de l'observation est graduel, les modèles théoriques peuvent également subir un processus graduel pour trouver des excuses à ce qui est observé.

Densité et comètes

Nous avons vu que la propriété la plus distincte entre les modèles d'hydrogène standard et métallique du Soleil est la densité. Pour la photosphère, le modèle solaire standard prédit environ 10^{-4} kg/m^3, alors que ce dernier nécessite des centaines de kg/m^3, soit un million de fois plus. Une différence semblable est requise pour la chromosphère – environ 10^{-7} kg/m^3 au lieu de 70 kg/m^3 (la densité de l'hydrogène moléculaire liquide sous basse pression). Le moyen le plus simple de déterminer quelle prédiction est correcte serait d'observer des objets célestes si proches du Soleil que les orbites sont considérablement modifiées par leurs frottements avec une atmosphère très dense. Malheureusement, il n'existe pas beaucoup d'objets de ce type, car tout ce qui orbite autour du Soleil de si près y est généralement déjà tombé. Il existe cependant des soi-disant brouteurs de Soleil, des comètes à longue période qui s'approchent suffisamment du Soleil. Certains d'entre eux avaient une luminosité spectaculaire et des extensions de queue, ce qui a conduit à une large sensibilisation du public. Cependant, les observations restent rares.

Parmi de nombreuses autres réalisations importantes, l'observatoire SOHO a également révolutionné les observations des comètes. En ce moment, il y a 266 objets dans la base de données qui se sont approchés du Soleil avec une distance de périhélie inférieure à 75 000 km, c'est-à-dire des brouteurs de Soleil extrêmes. Plus remarquable encore, aucun des plusieurs centaines de brouteurs de Soleil découverts par SOHO n'a survécu au passage du périhélie,[87] un exemple frappant étant C/2012 S1 (ISON). Bien sûr, le rayonnement extrême que subissent ces comètes au voisinage du Soleil est une raison évidente de leur disparition. Cependant, un morceau de glace et de poussière suffisamment grand (dont nous pensons que les comètes sont constituées) devrait encore survivre à un tel passage au périhélie, étant donné que le temps d'une telle approche rapprochée est limité.

Dans le cas d'un passage très proche qui touche la chromosphère, la densité accrue à cet endroit devrait cependant faire la différence. Le frottement résultant dissoudrait la comète beaucoup plus tôt que prévu par le modèle solaire standard. Un tel scénario est soutenu par des images spectaculaires de la comète C/2011 W3 Lovejoy.[88] De toute évidence, il est urgent de réévaluer ces données avec une modélisation appropriée des deux modèles concordants et une comparaison des résultats.[89]

Outre les objets naturels, il existe bien sûr la possibilité de missions spatiales artificielles ayant un impact sur le Soleil. Si une telle mission est équipée d'instruments résistants à la chaleur, elle pourrait fournir des données décisives à l'approche. Même lorsque l'approche devient trop à proximité du Soleil pour qu'un appareil quelconque puisse fonctionner, nous pourrions observer la dynamique de l'impact sur le Soleil et en déduire la densité de son atmosphère. Les énormes différences de densité prédites par les modèles et les différences de température devraient être visibles d'une manière ou d'une autre.

Malheureusement, aucun projet de ce type n'est en cours. Alors, quand saurons-nous la réponse tant attendue ?

Figure 50. À gauche : Comète ISON (C/2012 S1), couleurs inversées. À droite : Peinture de la Grande Comète, 1843

Malgré la grande quantité de preuves que nous avons recueillies jusqu'à présent, un sceptique pourrait se demander s'il peut y avoir une preuve ultime du modèle d'hydrogène métallique liquide du Soleil. D'ailleurs, l'idée d'un *experimentum crucis* qui une fois pour toutes règlerait la dispute entre modèles s'est avérée naïve dans la pratique scientifique.[1] Quoi d'autre pour réfuter un modèle, si ce n'est le problème du chauffage coronal avec sa contradiction de température de trois ordres de

---

[1] Cela a été abordé par de nombreux philosophes et historiens des sciences, tels que Kuhn (1962), Pickering (1984) ou Feyerabend (1975).

grandeur ? Rappelant la dynamique hypothétique des éruptions solaires par des champs magnétiques, si une défaillance d'un ordre de grandeur 13 n'est pas une falsification, alors que devrait-il se passer d'autre pour que les gens perdent confiance dans le modèle ? Nous *avons déjà* suffisamment de preuves pour le modèle HML, comme j'espère l'avoir expliqué dans les chapitres précédents. Cependant, il est important de comprendre que ce qui est « suffisant » est une question de probabilité, de sociologie et d'opinion en fonction de la taille et des structures des communautés de recherche respectives.

Le plus grand obstacle au succès des nouvelles idées semble être le brouillage des frontières entre les données d'observation et les hypothèses théoriques. De nombreux physiciens solaires soutiendraient, par exemple, que la densité de la photosphère est « mesurée », ce qui n'est bien sûr pas le cas. Pour cette raison, il est essentiel que les données brutes soient non seulement publiques mais aussi facilement accessibles pour une vérification indépendante. Au total (en comparaison avec d'autres domaines), la physique solaire n'est pas en mauvaise posture ici.

Malheureusement, comme nous le verrons au chapitre suivant, ce n'est pas seulement la communauté relativement restreinte des physiciens solaires dont les convictions sont menacées par ces idées sur le Soleil, mais aussi celles d'un grand nombre de chercheurs en astrophysique. Dans tous les cas, il vaut la peine de considérer les implications plus larges de la mise en doute des connaissances existantes sur notre étoile.

Chapitre 11

L'astrophysique renversée :

Comment un soleil liquide change notre idée des étoiles

J'ai déjà souligné qu'il existe une énorme industrie scientifique qui maintient la popularité du modèle solaire standard. Les nombreuses hypothèses arbitraires sur lesquelles sont fondées ce modèle sont enfouies sous des simulations informatiques compliquées, dont personne n'a une réelle surveillance. Ce système rend non seulement le modèle résilient à la falsification, mais est également un facteur sociologique important qui empêche le changement radical qui serait bénéfique pour notre compréhension du Soleil. Je ne suggère en aucun cas qu'il y ait une suppression volontaire d'idées alternatives dans le but de préserver les intérêts de chacun. Mais la conviction de tous les collaborateurs dans un domaine est un puissant facteur psychologique. Même le scientifique le plus honnête et authentique trouverait inconcevable de renverser les convictions sur lesquelles sa carrière était basée.

Maintenant, considérez que la communauté de la physique solaire est relativement petite et ne représente probablement même pas 10% de la communauté astrophysique beaucoup plus grande. Et s'ils étaient gênés, eux aussi, par un nouveau modèle du Soleil ? Imaginez ce que cela signifie d'avoir une fraction importante de ses connaissances mises en doute. Mais les nouvelles découvertes en physique ne sont pas isolées et le changement révolutionnaire que le modèle de Robitaille a déclenché pour la physique solaire pourrait également envoyer des ondes de choc en astrophysique et même en cosmologie. Voyons maintenant pourquoi le modèle de Robitaille sera responsable de changements importants dans ces domaines d'étude, une fois reconnu par la communauté scientifique…

Alors que nous pouvons voir la lumière des étoiles à travers un télescope, ce qui nous manque, c'est la connaissance de leur masse. C'est la masse qui régit non seulement la structure d'une étoile, mais aussi la dynamique jusqu'au niveau galactique. Ceci, à son tour, est lié à notre compréhension de l'origine et de l'évolution du cosmos. Ainsi, un problème clé de l'astronomie, que vous pourriez appeler *le* problème clé,[I] est la nécessité de déterminer le rapport masse-lumière, c'est-à-dire la quantité de masse que nous pouvons déduire des observations. Ce sont principalement les données spectrales de diverses longueurs d'onde qui peuvent être considérées comme des preuves directes, tandis que toute détermination de masse est nécessairement indirecte et dépendante du modèle.[II]

Tout repose sur notre étoile - une base dangereuse

Pour déduire la masse d'une étoile à partir de sa lumière, nous nous appuyons principalement sur un point de référence : – notre Soleil. Si le modèle du fonctionnement du Soleil et de sa composition est sérieusement défectueux, cela fait évidemment des ravages sur toute théorie basée sur le modèle solaire standard de la relation entre la lumière et la masse.

En 1923, Sir Arthur Eddington a dérivé une dépendance de la luminosité $L \sim M^3$ par rapport à la masse M,[90] qui a joué un rôle important pour convaincre ce savant que les étoiles étaient gazeuse. Son adversaire, James Jeans, est resté sceptique quant à la relation, qu'il considérait comme une astuce mathématique.[91] À la lumière des preuves contradictoires que nous avons vues, certaines des hypothèses simplificatrices d'Eddington doivent être remises en question. Ce qui reste vrai, c'est que pour les étoiles de la séquence principale, une relation $L \sim M^{3,5}$ a également été vérifiée par des observations. La masse des étoiles binaires peut être déterminée par la loi de Kepler à partir de leur période orbitale.[92] Bien qu'aucun changement radical ne puisse être attendu (il restera certainement vrai que les étoiles plus lourdes brillent plus fort), l'ancienne relation doit être réévaluée si l'hypothèse d'étoiles gazeuses s'avère invalide. Étant donné que la luminosité dépend fortement de la masse, même de petits changements dans notre compréhension théorique du Soleil peuvent avoir de grandes

---

[I] Bien entendu, un autre problème important est de déterminer la luminosité absolue d'un objet astronomique à partir de sa luminosité apparente, ce qui équivaut au problème de la mesure d'une distance. Les astronomes ont dû apprendre à éviter de nombreux biais et pièges, mais pour un grand nombre d'étoiles dans notre voisinage, ce problème a été résolu grâce aux données extraordinairement précises de missions comme GAIA.

[II] L'exception est, bien sûr, la détermination des corps célestes du système solaire, à savoir les planètes, par le mouvement de leurs lunes. La troisième loi de Kepler, en conjonction avec la mesure de la constante gravitationnelle, permet de déterminer leurs masses. Cependant, rien au-delà du système solaire n'est accessible aux mesures directes.

répercussions. D'un autre côté, il faut admettre qu'il n'y a pas d'alternative en ce sens – tout simplement parce que la productivité exceptionnelle de Robitaille est encore une histoire de David contre Goliath si nous comparons les ressources de dizaines d'instituts et de légions de chercheurs soutenant le modèle solaire standard.

> *« La matière du Soleil, bien qu'elle soit plus dense que l'eau, est en réalité un gaz parfait. Cela semble incroyable, mais il doit en être ainsi. »* –Sir Arthur Eddington, 1925

> *« Jeans mérite un grand crédit pour avoir été le premier critique à être sceptique quant à ces affirmations de la théorie d'Eddington. »* - Edward Arthur Milne, 1952

Liée au problème ci-dessus, une autre quantité importante qui est extrêmement difficile à déterminer est appelée la fonction de masse initiale. En gros, elle détermine le pourcentage de la masse trouvée dans les grandes étoiles, les étoiles de taille moyenne et les petites étoiles au moment de leur formation. Par exemple, il se pourrait que les grandes étoiles brillantes génèrent presque toute la lumière, mais qu'un pourcentage important de la masse soit encore caché dans de petites étoiles rougeâtres et vraisemblablement anciennes. Ces naines rouges sont si faibles qu'elles ne peuvent pas être vues de l'autre côté de notre galaxie, même avec nos meilleurs télescopes. La détermination de cette distribution de masse sur les types spectraux respectifs d'étoiles est déjà une question compliquée. Bien sûr, pour progresser, ils doivent faire quelques hypothèses théoriques basées sur les mécanismes par lesquels le Soleil est censé émettre de la lumière. Ainsi, si le modèle solaire standard s'effondre, bon nombre de ces estimations seront remises en question, voire rendues sans valeur. Recommencer exigerait un effort énorme pour construire de nouveaux modèles – un travail que personne n'a envie de faire.

Sur la base de ce qui est considéré comme une connaissance établie sur les étoiles, les astronomes ont également classé les étoiles en populations selon leur période de formation dans l'évolution cosmique. Par exemple, alors que nous pensons que la plupart des étoiles de la Voie lactée sont des étoiles de la population I, une première population II s'est vraisemblablement formée lorsque la poussière de formation d'étoiles n'était pas encore enrichie d'éléments lourds provenant d'explosions de supernova. Le pourcentage de masse entreposée dans les éléments lourds, appelé métallicité,[I] est un facteur décisif qui détermine la quantité d'énergie que les étoiles peuvent émettre. Je dois souligner, qu'à ma connaissance, il n'y a rien de mal à cette distinction. Cependant, nous pouvons comprendre la réticence des astronomes à laisser tant de leurs convictions être mises à l'épreuve. Cela étant dit, de nombreux astronomes et cosmologistes ont des réserves sur les autres travaux de Robitaille, qui a également contesté l'analyse du fond diffus cosmologique – l'un des résultats les plus appréciés de la science moderne. Bien que nous puissions qualifier son attaque d'imprudente tactique, pour lui, ce ne sont pas les catégories qui comptent. Quoi qu'il en soit, ce serait une trop grande déviation pour ce livre de se plonger dans cette question.[II]

Preuve douteuse de l'invisible

Bien sûr, l'une des plus grandes énigmes de l'astrophysique, sinon de toute la physique, est celle de la matière dite noire. Ce que j'ai dit précédemment sur la détermination de la masse des étoiles doit être légèrement corrigé. Il existe en effet des estimations de la masse qui ne sont pas liées à la luminosité. Cependant, comme nous le verrons, toutes celles-ci ont montré d'énormes écarts avec les estimations de masse basées sur la luminosité. Dès 1933, l'astronome suisse Fritz Zwicky notait que le mouvement des galaxies et des amas était beaucoup plus rapide que prévu.[III] En fait, si nous en

---

[I] Étant donné le message global de ce livre, il y a un énorme potentiel de malentendu avec le terme "métallique" tel qu'utilisé par les astronomes. Cela n'a rien à voir avec la forme métallique de l'hydrogène dont nous parlons, mais, au contraire, se réfère à *tous* les éléments plus lourds que l'hélium. Cette utilisation du mot est compréhensible car l'hydrogène et l'hélium (à distinguer des "métaux") sont de loin les éléments les plus fréquents dans les étoiles, mais cette terminologie contraste avec ce qui est courant en chimie, ou, disons, le reste de la science.

[II] Si Robitaille a raison de supposer que le Soleil est essentiellement incompressible, cela causerait une autre série de problèmes pour l'astrophysique.

[III] Nous pouvons nous demander comment, compte tenu des distances énormes, nous avons pu mesurer les vitesses d'objets extragalactiques. C'est ce que nous appelons l'effet Doppler : comme dans le cas d'une ambulance qui approche où la fréquence du son est élevée par rapport à la normale, la lumière des galaxies qui s'approchent est légèrement décalée vers l'extrémité bleue du spectre, tandis qu'un passage au rouge indique une vitesse de récession. Bien que les décalages vers le rouge cosmologiques puissent être interprétés de

croyons les estimations de masse à partir de leur luminosité, la force gravitationnelle correspondante ne serait jamais capable de maintenir les galaxies sur des orbites stables, compte tenu des vitesses énormes observées. En d'autres termes, les galaxies et les amas devraient s'être séparés depuis longtemps. À l'époque, la contradiction était surnommée « problème de la masse manquante » et nous n'y accordions pas trop d'attention. Incidemment, Zwicky était un penseur non conventionnel qui a défié le courant dominant à quelques reprises.

Figure 51. Fritz Zwicky et l'amas de galaxies Coma étudiés de près par lui.

Cependant, dans les années 1960, il est devenu clair qu'il y avait un problème avec la dynamique des galaxies. Les physiciens ont observé les bords des galaxies à toutes les longueurs d'onde et ont noté que la vitesse des objets extérieurs - étoiles mais aussi nuages de molécules - était beaucoup trop élevée pour être expliquée par la masse visible. Pour rendre les choses encore plus difficiles à comprendre, cet effet semblait être plus important aux bords des galaxies qu'à leurs centres. Les physiciens ont mesuré des centaines de soi-disant courbes de rotation de galaxies qui affichent avec précision la

---

diverses manières, l'observation des amas de galaxies permet toujours de calculer la vitesse relative de leurs membres, ce qui est tout ce qui compte.

vitesse de rotation respective autour du centre en fonction de la distance à celui-ci. En comparant ces données au profil de luminosité, nous pouvons voir où la masse manque ou, en termes modernes, il y a de la matière noire.

Il n'y a aucune tentative ici de discuter des innombrables complexités du problème de la matière noire.[1] Au total, la multitude d'observations anormales avec leurs interdépendances subtiles[93] constituent une énigme profonde qui peut difficilement être résolue en postulant une particule de matière noire tant recherchée par de nombreux physiciens des hautes énergies. Mon point de vue personnel est que ces données indiquent plutôt une faille dans notre compréhension de la loi gravitationnelle à l'échelle galactique plutôt que l'existence d'une particule jusqu'ici non détectée.

Cependant, avant d'invoquer une physique inconnue, qu'il s'agisse de nouvelles particules ou même d'une révision de la loi de la gravitation, il faut vérifier si la contradiction est réelle. Si nos hypothèses sur la répartition de la masse stellaire sur les différents types d'étoiles sont fausses, de nouvelles options se présentent à nous. Par exemple, si une plus grande fraction de la masse stellaire est cachée dans les naines rouges, qui sont à peine visibles aux distances galactiques, cela peut expliquer les vitesses plus élevées aux bords de la galaxie de manière conventionnelle.

Garder ces possibilités à l'esprit ne signifie pas prétendre que le modèle de l'hydrogène métallique liquide résout le problème de la matière noire. Nous devrions simplement être conscients qu'une grande partie des connaissances astrophysiques sont interdépendantes et ne peuvent être remplacées de manière isolée.

Nouvelle physique nucléaire ?

Bien que Pierre-Marie Robitaille ait effectué un travail admirable dans la collecte de preuves du modèle de l'hydrogène métallique liquide et ait souligné certaines des conséquences potentielles, il est également évident qu'il ne pourrait pas à lui seul réécrire la modélisation en fonction des connaissances recueillies par des générations d'astronomes. Ainsi, il reste encore beaucoup à faire dans ce sens, bien que les résultats puissent être très gratifiants.

---

[1] Un excellent traité est *"The Dark Matter Problem"* de Robert Sanders.

Un point sur lequel je suis légèrement en désaccord avec Robitaille est celui de l'intérieur du Soleil. Alors qu'il suppose que la majeure partie de l'intérieur est constituée d'hydrogène dans sa phase métallique liquide avec une densité plus ou moins constante, j'ai des doutes à savoir si cela est réaliste. Robitaille suppose que les liquides sont essentiellement incompressibles et, par conséquent, l'état liquide peut couvrir la majeure partie de l'intérieur du Soleil avec une densité relativement uniforme. Robitaille considère qu'il s'agit d'une preuve supplémentaire que le noyau du Soleil présente une rotation de corps solide.[94] Je dirais plutôt que les pressions extrêmes doivent faire augmenter la densité, même s'il s'agit d'un liquide. De telles augmentations de densité, cependant, contrediraient facilement la masse totale connue du Soleil. Pour cette raison, je préfère supposer que sous la surface manifestement liquide du Soleil, une augmentation de la température provoquera relativement rapidement un état de plasma, qui est plus proche de ce que le modèle solaire standard suppose pour l'intérieur. Dans tous les cas, étant donné que la preuve directe n'est que la surface visible, nous n'avons d'autre choix que de déduire l'état de l'intérieur à partir de considérations théoriques. Croyant que d'autres physiques bien connues telles que les ondes de Broglie sont saines, je suis enclin à supposer un état de plasma sous la couche liquide semi-métallique qui constitue la photosphère. Robitaille a cependant raison de noter que la densité moyenne du Soleil, à environ 1 400 kg/m^3, est déjà une valeur raisonnable pour l'hydrogène métallique liquide.

Ceci, à son tour, impliquerait que la majeure partie des réactions nucléaires responsables de la génération de chaleur solaire ne se déroule pas uniquement au cœur du Soleil, comme le suppose le modèle solaire standard, mais est davantage répartie sur tout le volume de notre étoile. Il existe d'intéressantes théories sur les réactions nucléaires renforcées par des atomes interstitiels qui pourraient soutenir une telle hypothèse si elles sont validées. Comme nous pouvons le voir, il reste encore de nombreux problèmes à résoudre et seul le temps dira qui avait raison. Cependant, il est clair qu'un renversement de nos chères convictions sur le Soleil influencerait presque tous les aspects de la physique. Juste pour réitérer et protéger Robitaille contre des attaques injustes, personne ne[1] doute

---

[1] En fait, il existe des théories (certaines associées à « l'univers électrique ») qui tentent de comprendre la production d'énergie du Soleil d'une autre manière. Bien que Robitaille ait donné des conférences lors de colloques sur « l'univers électrique », il ne conteste pas que la fusion nucléaire soit la source d'énergie du Soleil (moi non plus).

que l'énergie de fusion provenant de la combustion de l'hydrogène en hélium est la source de l'énorme puissance de rayonnement du Soleil qui a maintenu notre planète en vie pendant des éons.

À la recherche de vraies explications

Une autre perspective doit être mentionnée, qui montre que le modèle de l'hydrogène métallique liquide ne crée pas seulement des problèmes, mais offre également des perspectives intrigantes pour une compréhension plus approfondie des étoiles. Nous avons, grâce aux télescopes spatiaux tels que GAIA, de merveilleuses données sur les étoiles de la séquence principale qui brûlent de l'hydrogène. Il ne fait aucun doute que les petites étoiles ont une température plus basse et émettent moins de puissance à des longueurs d'onde plus élevées que les étoiles brillantes et bleutées avec des températures de surface élevées qui brûlent leur carburant en quelques millions d'années, contrairement aux milliards de leurs compagnes naines rouges.

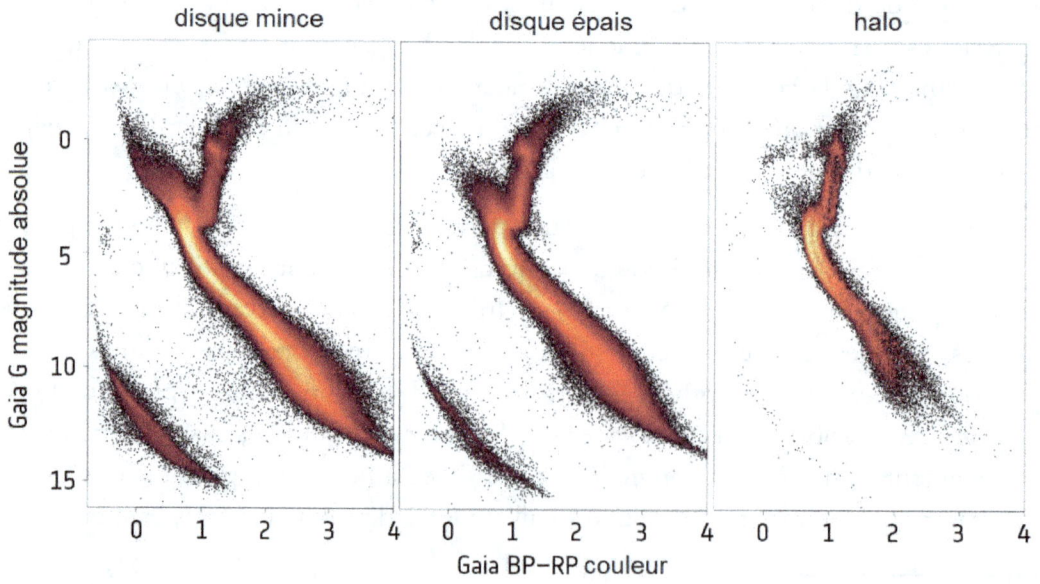

Figure 52. Diagramme de Hertzsprung-Russel des étoiles, reliant la luminosité (masse) à la couleur (température), basé sur les données de centaines de millions d'étoiles, observées par GAIA.

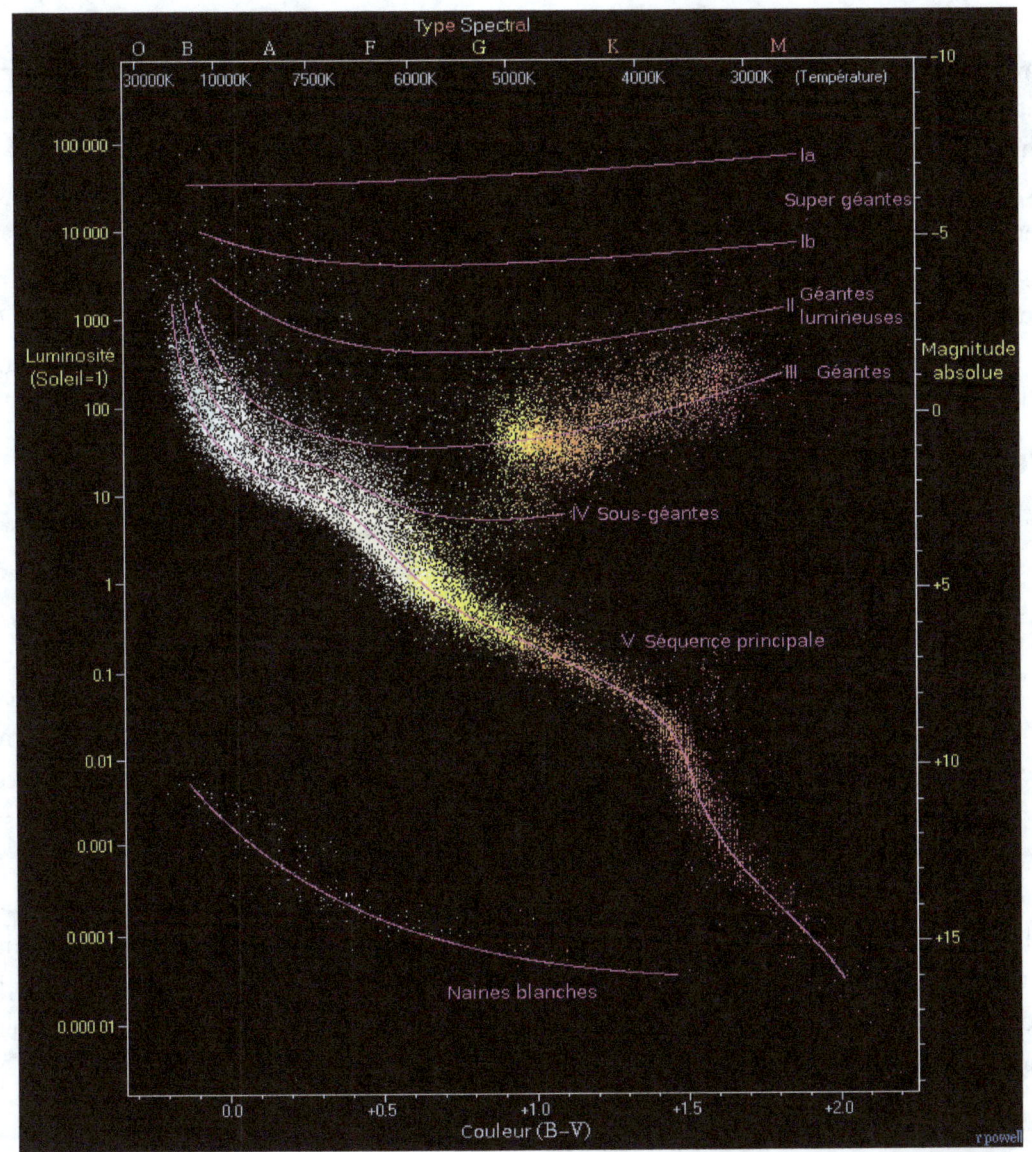

Figure 53 : Diagramme Hertzsprung-Russel basé sur les données Hipparcos; la séquence principale est bien visible.

Il pourrait être en quelque sorte évident que ces grandes étoiles bleues se produisent plus rarement, mais il n'y a aucun argument théorique qui limiterait leur taille. En pratique, nous constatons que les grandes étoiles perdent de la masse à cause des vents stellaires, mais il n'y a aucune raison théorique convaincante à cela. En principe, la température de surface d'une étoile doit être précisément déterminée par sa taille – avec une petite mise en garde : les éléments plus lourds collectés à partir de la poussière provenant des explosions de supernova précédentes influencent les propriétés radiatives.[1] C'est cependant un détail qui peut être négligé lorsque nous parlons de questions de principe. La grande question demeure à savoir s'il existe une limite théorique à la taille d'une étoile. De toute évidence, un modèle gazeux ne peut pas fournir cela, alors pourquoi des étoiles gazeuses de n'importe quelle taille ne seraient-elles pas possibles ?

La taille des étoiles est-elle fondamentale ?

D'autre part, le modèle de l'hydrogène métallique liquide suppose que la photosphère est définie par le passage de l'état métallique (ou semi-métallique) à l'état moléculaire. Ce n'est pas ce que nous appelons une transition de phase au sens strict (plutôt une transformation d'état), mais c'est, en ce qui concerne les lois de la thermodynamique, analogue à cela. Tel que discuté au chapitre 6, nous savons par la thermodynamique qu'au-dessus d'une température critique, les états liquide et gazeux deviennent indiscernables. Quelque chose de similaire pourrait se produire avec le passage de la phase métallique à la phase moléculaire (ou atomique) : au-dessus d'une telle température critique, une étoile serait incapable de former une surface séparant les phases. Par conséquent, les étoiles au-dessus d'une certaine température cesseraient d'exister, ce qui est exactement ce que nous observons. J'ai abusé du mot « exactement » ici car une discussion quantitative de ce problème a déjà été donnée, mais en principe, la thermodynamique pourrait être en mesure d'expliquer pourquoi les *étoiles* de l'univers ont une taille maximale observée. La raison que j'ai proposée est certainement spéculative, mais il ne faut pas oublier qu'il reste quelque chose à expliquer à cet égard. Comprendre la taille des étoiles serait certainement une réalisation notable.

---

[1] C'est ce que nous appelons la « métallicité ». Étrangement, les astronomes appellent tous les éléments plus lourds que l'hélium des « métaux », ce qui occasionne des maux de tête aux chimistes. Ainsi, une étoile contenant une plus grande fraction d'atomes de carbone ou d'oxygène est dite plus « métallique ».

Bien qu'il soit exécuté avec seulement une infime partie de la main-d'œuvre et du financement du modèle solaire standard, le modèle à hydrogène métallique liquide offre des possibilités intrigantes pour une compréhension plus profonde de ce qui se passe dans l'univers. Les astronomes devraient donc saisir les possibilités plutôt que de se sentir mal à l'aise de devoir remettre en question leurs croyances de longue date.

Chapitre 12

La façon dont cela s'est mal passé :
Histoire et sociologie des percées scientifiques

Après avoir été confronté aux preuves du modèle de l'hydrogène métallique liquide du Soleil, nous pourrions nous poser cette question : si c'est vrai, pourquoi les scientifiques ne sont-ils pas arrivés à cette conclusion depuis longtemps ? Après tout, la science est censée être un processus de conversion à la vérité. Idéalement, elle utilise simplement la logique et les preuves. Qu'est ce qui pourrait aller mal?

Nous adopterons une perspective plus large dans ce chapitre et expliquerons pourquoi l'image ci-dessus de la science s'avère trop simpliste.[1] Tout d'abord, appliquons le critère de la preuve à cette théorie naïve de la recherche scientifique de la vérité et voyons comment la vraie science a fonctionné au cours des derniers siècles. Tout le monde sait que l'astronomie a fait fausse route pendant près de 2 000 ans en plaçant la Terre au centre de l'univers. Nous pourrions soutenir que la science n'a pas encore été développée en tant que telle. En revanche, il n'y a aucune raison de nier le statut d'activité scientifique aux tentatives médiévales de tripoter les épicycles du modèle géocentrique des temps passer.

Nier le statut de science serait encore moins approprié pour la théorie du phlogistique, développée bien après la révolution copernicienne, qui s'est avérée être une impasse de 80 ans pour la chimie à moins qu'Antoine Lavoisier ne se rende compte que la combustion était liée à l'oxygénation. Si nous allons plus loin dans les temps modernes, l'historien des sciences se rend compte que le découvreur tant annoncé de la fission nucléaire, le chimiste allemand Otto Hahn, avait obstinément mal interprété

---

[1] De nombreux exemples concernant les aspects historiques et méthodologiques de la physique moderne, tels que les « rayons N », sont discutés dans mon livre Unzicker (2023).

ses propres données sur la base d'une théorie erronée pendant cinq ans, avant de se rendre finalement compte qu'il avait déjà divisé le noyau.[95]

Nous observons ces impasses scientifiques à toutes les époques et à toutes les échelles de temps. Ainsi, nous devons nous rendre compte que si la science converge vers la vérité, elle le fait souvent par d'énormes sauts erratiques. Le philosophe scientifique Karl Popper a présenté une théorie remarquable de la méthodologie scientifique basée sur la falsifiabilité,[96] déclarant que les expériences et les observations, les arbitres objectifs ultimes, finiraient par écarter toutes les théories erronées et choisir les bonnes. Si la falsifiabilité est certainement une condition nécessaire pour une bonne science, la question demeure à savoir si elle est également suffisante. La théorie de Popper n'explique pas vraiment comment le progrès est parfois entravé par une activité scientifique bloquée depuis longtemps par de mauvais concepts. Après quelques décennies, le problème s'aggrave lorsqu'une génération de scientifiques conscients des doutes antérieurs est décédée. Nous l'avons vu lorsque la découverte de Wigner et Huntington est arrivée trop tard pour remettre en question l'idée d'un Soleil gazeux. Ainsi, il faut souvent une autre génération de physiciens pour renverser des convictions bien ancrées. Je suis sûr que le toujours respectueux Robitaille n'aurait jamais choisi de citer cette constatation faite par son héros, Max Planck, alors qu'il commentait le sujet de l'avancement scientifique d'une paraphrase sarcastique comme suit : « La science avance un enterrement à la fois ».

Tout a déjà été dit

Dans son livre historique *La Structure des révolutions scientifiques,* le philosophe américain Thomas Kuhn a décrit le processus parfois laborieux de recherche de la vérité avec des « changements de paradigme ». Les révolutions scientifiques caractérisées par des changements de paradigme se produisent rarement. Comme un tremblement de terre, leur intensité est liée à la durée pendant laquelle les mauvaises prémisses dans le domaine respectif ont été détenues. Dans une révolution, le paradigme est détruit et tout le domaine est renversé et redémarré, souvent avec une nouvelle génération de chercheurs. Kuhn a noté une variété de mécanismes intéressants qui préservent le paradigme actuel et le protègent des tentatives de le saper.

Même si elles contredisent le modèle établi, les nouvelles données sont généralement interprétées comme laissant intactes les convictions fondamentales du domaine, même si certaines hypothèses arbitraires doivent être invoquées. La complication croissante causée par la digestion de données réticentes est souvent un mauvais signe pour un modèle. Comme une période de journées collantes est finalement suivie d'un orage, cela peut prendre un temps considérable avant que la révolution ne frappe. Bien sûr, il y a des facteurs sociologiques majeurs en jeu. En particulier, les grandes communautés ont tendance à être piégées dans la pensée de groupe et parfois les mauvais concepts sont littéralement institutionnalisés.

En ce qui concerne ce modèle solaire standard et Pierre-Marie Robitaille en tant que partisan du nouveau model solaire plus realiste, le parallèle le plus proche dans l'histoire est probablement celui du météorologue allemand Alfred Wegener et de sa théorie de la dérive des continents. Incidemment, bien qu'ayant une formation scientifique approfondie et de vastes connaissances, Wegener n'était pas un géologue. Il a donc été ridiculisé par les soi-disant experts du domaine géologique pour cette même raison. Il a non seulement noté la forme des continents africain et sud-américain s'emboîtant comme des pièces de casse-tête, mais il a aussi soutenu sa suggestion selon laquelle ces plaques continentales étaient autrefois adjacentes avec des preuves accablantes. Il a presque à lui seul contesté la sagesse de l'époque qui supposait des ponts terrestres entre les continents qui étaient miraculeusement disparus plus tard. Ses efforts rappellent presque un à un les écrits détaillés de Robitaille, qui étayait les preuves à première vue parfois évidentes par des arguments approfondis.

Et pourtant, il y a des gens qui, tout en se considérant comme des « membres de la communauté », se rendent ridicules en critiquant Robitaille en disant qu'il n'est pas un « expert », qu'il n'utilise pas le jargon du domaine, etc. En tant que spécialiste de la RMN, il est probablement mieux formé à la spectroscopie que la plupart des astronomes qui utilisent la même spectroscopie pour les étoiles. C'est comme refuser la compétence en astronomie à Ed Purcell, qui - par coïncidence - a remporté le prix Nobel de la résonance magnétique nucléaire et est devenu plus tard célèbre pour la découverte de la raie de l'hydrogène à 21 cm. Très probablement, tous ces « experts » n'ont jamais entendu parler de Thomas Chamberlain, un géologue avant-gardiste en son temps, qui en 1928 a déclaré que « si nous devions croire la théorie de Wegener, nous devrions écarter tout ce que nous avons appris dans les dernières 70 années et recommencer ». Il semble que ce soit précisément le sort auquel s'attend le modèle solaire standard.

> « L'orthodoxie produite par les modes intellectuelles, la spécialisation et l'appel aux autorités est la mort du savoir, ... la croissance du savoir dépend entièrement du désaccord. » –Karl Popper[97]

Parallèles dans l'histoire

Nous ne pouvons qu'espérer que Robitaille vivra pour voir la théorie justifiée. Malheureusement, une telle justification n'a pas été accordée à Wegener, décédé en 1930 lors d'une excursion au Groenland. Ce n'est que dans les années 1960, lorsque l'armée américaine a observé le fond marin s'étendre au fond de l'Atlantique, que la théorie de la dérive des continents de Wegener, énoncée initialement en 1912, a finalement été reconnue. Plus une fausseté est établie dans la communauté scientifique, plus il devient difficile de la combattre. Au fait, il ne s'agit pas de donner l'impression que Robitaille est marginalisé, pris dans une sorte de complot contre un meilleur jugement afin d'obtenir des avantages scientifiques pour des collaborations majeures. Le mécanisme est beaucoup plus subtil.

Avant de commencer à écrire sur le Soleil,[98] j'avais correspondu avec trois professeurs d'astrophysique et cinq autres physiciens titulaires d'un doctorat sur le sujet. Deux ont trouvé la thèse intéressante sans vouloir s'y engager, mais la majorité a catégoriquement refusé de même discuter de la possibilité que le Soleil ne soit pas gazeux. Un vieil ami de collège et professeur d'astronomie s'est montré particulièrement patient et amical, mais même dans ce cas, après quelques allers-retours, le débat s'est finalement terminé par le commentaire que le modèle solaire existant avait été établi depuis si longtemps qu'il n'y avait plus de questions ouvertes sur le sujet. Bien que je considère mon ami comme droit et ouvert d'esprit, il lui est en fait impossible de remettre en cause ce qui est considéré comme indiscutable depuis cent ans et d'investir du temps dans un débat qui ébranlerait les fondements de la branche de recherche qui l'entoure.

Le niveau d'attaques personnelles contre Robitaille est remarquable. Un YouTuber avec un million d'abonnés, qui se dit « professeur » sans en être un, l'a barbouillé d'une flopée de jurons. Robitaille a eu la sérénité de disséquer sobrement ses fausses prétentions. L'accusation standard est que Robitaille n'a pas publié ses recherches dans des revues « réputées » - un argument incroyablement circulaire, puisque leur réputation est définie par une réticence à accepter des idées qui sapent la sagesse établie du domaine. De tels critiques n'entrent presque jamais dans une discussion factuelle. Robitaille a même été discrédité pour avoir publié une pleine page de publicité dans le *New York Times* en 2002, où il exposait sa critique du Soleil gazeux.[99] À l'époque, il avait décidé que cela en valait la peine. En fait, il suivait les conseils d'un chercheur de renom[100] qui lui avait dit : « Tu ne feras jamais publier cela dans une revue conventionnelle ». Il est important de faire passer le message, peu importe comment. Pourtant, les « experts » pensent encore pouvoir écarter ses recherches avec des arguments aussi ridicules. Que vous soyez d'accord ou non avec les conclusions de Robitaille, il ne fait aucun doute que ses articles sont extraordinairement bien documentés. Chaque affirmation est documentée en détail, ses arguments témoignent d'une érudition unique dans le domaine, sinon dans l'ensemble de la physique contemporaine. Mon sentiment est que certains sont tout simplement dépassés par ses connaissances et ne savent pas défendre leur agenda autrement que par la polémique.

« Vous ne gagnez jamais une dispute jusqu'à ce que les gens vous attaquent en personne » - Nassim Taleb

Tentatives de parler à des experts

Je ne peux m'empêcher de mentionner quelques expériences personnelles sur la façon dont les idées de Robitaille sont reçues par les « experts » d'aujourd'hui. Comment réagit la communauté des physiciens solaires face à de telles thèses bouleversantes ? Lors d'une réunion de la Société allemande d'astronomie à Bamberg, où j'avais donné une conférence sur le modèle de Robitaille, j'ai parlé à des scientifiques de l'Institut Max Planck pour la recherche sur le système solaire et de l'Institut Kiepenheuer pour la physique solaire. J'ai essayé de réciter certains des arguments que j'ai entendus là-bas.

Comme présenté précédemment, l'hypothèse selon laquelle le Soleil est gazeux nécessite un modèle extrêmement compliqué et assez contradictoire pour expliquer la composition de la couleur de la lumière solaire en premier lieu. Un chercheur impliqué dans des simulations informatiques de taches solaires a souligné que le modèle a depuis longtemps fait ses preuves pour les prédire. Si quelque chose n'allait pas fondamentalement, cela aurait été remarqué depuis longtemps dans le cadre des simulations. Cependant, comme il l'a souligné, il ne se considérait pas comme un expert en émission de lumière.

En ce qui concerne le modèle solaire standard, un autre chercheur a expliqué que le mécanisme d'émission de lumière dans une couche étonnamment mince avait été clarifié et m'a recommandé de « lire attentivement la littérature ». Par exemple, si nous cherchons à comprendre comment le modèle justifie l'étonnante opacité de la lumière sous la photosphère dans un manuel bien connu, quelques mécanismes sont énumérés, mais en fin de compte, une référence est faite à des tableaux de « calculs d'opacité détaillés »[101] de deux grands laboratoires américains et nous entrons dans le territoire désordonné décrit au chapitre 3.

La réponse tant attendue au problème de savoir comment le spectre solaire peut apparaître sous cette forme est ainsi perdue dans les ramifications et les références littéraires à de grands groupes qui ont calculé cela à un moment donné. Ce n'est pas un reproche particulier pour les chercheurs d'aujourd'hui. Cependant, personne ne devrait prétendre avoir vérifié ces publications ou même les avoir examinées de manière critique. S'il vous plaît, soyez honnête.

D'ailleurs, la plupart du temps, les gens admettront ne pas être experts en ceci ou cela. Le modélisateur affirme qu'il n'est pas un expert en opacité, tandis qu'un autre expert en taches solaires note son expertise limitée sur la photosphère, etc. Cependant, chaque fois que le modèle de Robitaille touche à un domaine en dehors de leur expertise étroite, la réaction n'est jamais « C'est intéressant, je devrais regarder cela de plus près… », mais toujours « Je ne suis pas assez compétent ; je n'ai pas le droit d'être d'accord. »

Hausser les épaules devient un argument

Ce comportement est devenu particulièrement visible lors de la discussion de la possibilité d'un état métallique métastable de l'hydrogène, qui, après tout, touche à différents domaines tels que la physique du solide et la chimie physique. La réaction à la question de savoir si l'hydrogène métallique pouvait être le constituant principal du Soleil était toujours : « Je ne peux pas imaginer cela, mais je connais trop peu la physique des métaux. » Point final. Ce sont peut-être des réponses honnêtes, mais ce qui est bizarre ici, c'est que dans le débat scientifique, l'ignorance des fondements de la physique générale est devenue un contre-argument.

Ma conclusion sur ces conversations « d'experts » est qu'il n'y a aujourd'hui qu'un seul scientifique qui a fait des recherches, argumenté et publié en profondeur sur *tous* les sujets pertinents du Soleil et qui mérite donc le nom « d'expert » en physique solaire : Pierre-Marie Robitaille. Cela semble constituer son délit.

En fait, lorsque nous regardons les travaux de Robitaille, non seulement il fournit un ensemble complet d'arguments factuels en faveur de l'atome d'hydrogène métallique liquide, mais il explique également la séquence historique des événements qui ont conduit à l'établissement du modèle du plasma gazeux. À l'origine, vers 1800, toutes les preuves semblaient favoriser un Soleil liquide. Lorsque le phénomène de température critique a été découvert, cependant, les gens ont réalisé que les gaz pouvaient exister à des densités élevées, ce qui a ouvert la porte à des modèles gazeux du Soleil. Vers 1850, presque tout le monde croyait que le Soleil avait des températures plus élevées que n'importe où sur Terre. Comparez cela avec la température critique de 33 K d'hydrogène moléculaire et vous comprendrez pourquoi l'hydrogène liquide, en tant que principal constituant du Soleil, suscite toujours le scepticisme - bien qu'à l'époque, personne ne pouvait prouver que le Soleil était composé d'hydrogène au départ.

La malheureuse histoire de notre étoile

Tel que mentionné au préalable, Gustav Kirchhoff a joué un rôle clé dans le développement des modèles gazeux du Soleil. Lui-même était convaincu que la photosphère était un liquide ; il argumentait à juste titre que seule la matière condensée pouvait produire un spectre continu. Cependant, il a indirectement contribué à l'établissement du Soleil gazeux avec sa loi mal formulée du rayonnement thermique. Les théorèmes généraux ont toujours attiré de grands penseurs et il est compréhensible que Kirchhoff ait eu envie de formuler ses idées thermodynamiques au niveau le plus général. C'est sans doute pour cela qu'il a émis l'hypothèse que le rayonnement thermique est simplement déterminé par la température et indépendant de la nature des murs. Aussi séduisante qu'elle puisse paraître, la loi de Kirchhoff est tout simplement fausse. Il faut toutefois admettre qu'à l'époque, si le défaut de l'argument théorique n'était pas facile à détecter, les possibilités expérimentales ne permettaient encore moins de falsifier l'ambitieuse affirmation. Mais nous pouvons blâmer les physiciens contemporains s'ils utilisent la loi de Kirchhoff sans réfléchir, malgré les défauts montrés par Robitaille.

L'appui à un Soleil gazeux, du moins en théorie, est venu vers 1865 avec la découverte de l'élargissement de pression des raies spectrales. De plus, les choses ne s'additionnent pas quantitativement. Comme nous l'avons vu au chapitre 5, nous pourrions soutenir que les lignes discrètes sont étalées sur un continuum par ce mécanisme. Le spectre complet du Soleil, cependant, n'était pas connu avant les mesures de Langley en 1880. En même temps, l'invention de l'ampoule par Edison a également suscité l'intérêt pour la recherche sur le rayonnement du corps noir. Il était certainement perçu comme intrigant que le spectre solaire ait la même forme que ceux produits par des matériaux chauds tels que le graphite. L'idée prédominante à l'époque était que la photosphère était constituée de nuages lumineux contenant du carbone.[102]

> *« Les physiciens solaires ont pensé que la photosphère du Soleil est constituée d'une couche de nuages formée de particules de carbone solide. »* - William Edward Wilson, 1891.

La grande réussite de Max Planck consistant à trouver la bonne formule décrivant correctement la forme d'un spectre de corps noir n'est pas dépréciée par le fait qu'il a utilisé la loi erronée de Kirchhoff ; son théorème reste correct ; c'est simplement qu'il n'est pas applicable à une large gamme de matériaux comme nous le croyons généralement, en particulier, aux gaz. Même si la loi de Kirchhoff est indépendante de celle de Planck en ce sens, le grand succès de cette dernière a fait croire à la première. Implicitement, la porte était désormais grande ouverte aux modèles gazeux pour traiter le spectre du corps noir du Soleil, même si ni la théorie ni les expériences ne pouvaient le justifier. Cet établissement mutuel et malheureux d'une mauvaise base est probablement la principale raison de la difficulté dans laquelle se trouve aujourd'hui le modèle solaire standard.

Le modèle du corps noir a également fait passer la physique solaire d'une science principalement observationnelle à une entreprise fortement chargée de théorie, développée en particulier par l'éminent astronome et chef de la Société Royale de Londres, Sir Arthur Eddington. Ainsi, au début du 20ème siècle, le Soleil gazeux est devenu une théorie établie. En même temps, la grande énigme concernant la source de son énergie a finalement été résolue. Lord Kelvin avait développé sa célèbre hypothèse de contraction, qui contredit malheureusement les preuves géologiques. Lorsque le fameux $E=mc^2$ d'Einstein est devenu bien connu et confirmé par la masse des isotopes, il est devenu clair qu'une énorme quantité d'énergie pouvait être libérée par la fusion de l'hydrogène en hélium. Puisqu'il était impensable que l'hydrogène puisse exister à l'état autre que gazeux, tout semblait s'emboîter.

Un mauvais virage

Il est parfois tragique que la science ne fasse que franchir une bifurcation importante sur sa route. Ce n'est qu'en 1935 que Wigner et Huntington ont proposé qu'il pourrait y avoir un état métallique liquide de l'hydrogène. Dans le cas du Soleil, il était trop tard. La grande bataille, menée avant tout par Eddington et Jeans[103] sur la question de savoir s'il fallait décrire le Soleil comme un gaz ou un liquide, était terminée depuis longtemps. Les experts avaient pris leur décision et une quantité massive d'activités de recherche avait déjà tracé une voie inaltérable. En 1935, la conviction que le Soleil était gazeux était déjà tellement ancrée que personne ne pouvait remettre en cause le modèle.

Maintenant que des générations de chercheurs ont travaillé à affiner le modèle du plasma gazeux, d'un point de vue sociologique, il est littéralement impossible de renverser ce paradigme sans une révolution majeure. Cependant, il est également clair que plus un faux paradigme dure longtemps, plus il est difficile à éradiquer, car la génération de physiciens qui étaient conscients de la bifurcation est révolue depuis longtemps. Il n'y a aucune autorité dans le domaine qui partagerait le scepticisme, même si ce scepticisme à l'égard du modèle gazeux était certainement présent à l'époque. Il est dommage que la plupart des scientifiques semblent incapables de se distancer de leur travail quotidien et d'adopter une perspective méthodologique et historique neutre.

« Trop de progrès vers l'avant étaient souhaités avec trop peu d'attention portée au chemin parcouru. » –Pierre-Marie Robitaille

Nous ne pouvons qu'espérer qu'une analyse sérieuse de certaines preuves indéniables, peut-être même dans un domaine qui n'est pas directement lié à la physique solaire, finira par apparaître et déclenchera la révolution nécessaire. Un jour, nous saurons la vérité.

Remerciements

Bien sûr, Pierre-Marie Robitaille, sans qui ce livre n'aurait jamais existé, doit être mentionné en premier. En plus d'être l'inspiration pour ce livre, il a également fourni une pléthore de commentaires utiles et m'a patiemment expliqué beaucoup de choses.

Malgré leur opposition au message central du livre, récemment deux physiciens allemands renommés dans le domaine de la physique solaire ont eu la gentillesse de me parler au moins du modèle. Jan Preuss a lu le manuscrit et a fourni une série de commentaires extrêmement utiles, pour lesquels je suis reconnaissant. Pour les discussions sur le sujet, je remercie également Karl Fabian.

Littérature

Charlton, Bruce G. (2012) *Not Even Trying: The Corruption of Real Science*, Univ. Buckingham press.

De Solla Price, Derek (1986) *Little Science, Big Science and Beyond*, Columbia University Press (1986)

Jungk, Robert (1958) *Brighter than a Thousand Suns*, Harcourt.

Feyerabend, Paul (1975) *Against Method*, New Edition.

Kuhn, Thomas (2008) *La Structure des révolutions scientifiques*, Flammarion.

Kumar, Manjit (2008) *Quantum : Einstein, Bohr and the Great Debate About the Nature of Reality*, Icon Books.

Miller, Arthur Ian (2005) *Empire of the Stars*, Little Brown, London.

Nellis, WJ: Wigner and Huntington, *The long quest for metallic hydrogen*, High Pressure Research 2013, 33(2), 369-376.

Popper, Karl (1934) *The Logic of Scientific Discovery*, Julius Springer, Hutchinson & Co.

Popper, Karl (1972) *Objective Knowledge*, Oxford University Press.

Popper, Karl (1994) *The Myth of a Framework: In Defense of Science and Rationality*, Routledge, London.

Robitaille, Pierre-Marie and Berliner, Lawrence (2006) *Ultra High Field Magnetic Resonance Imaging*, Springer.

Robitaille, Pierre-Marie (2009) *Kirchhoff's law of thermal emission: 150 years*, Progress in Physics 4, 3-13; http://www.ptep-online.com/2009/PP-19-01.PDF .

Robitaille, Pierre-Marie (2011) Special Issue: "*The Sun — Gaseous or Liquid? A Thermodynamic Analysis*", Progress in Physics 7(3); http://www.ptep-online.com/complete/PiP-2011-03.pdf

Robitaille Pierre-Marie (2013) *The liquid metallic hydrogen model of the Sun and the solar atmosphere* (7 articles), Progress in Physics; http://www.ptep-online.com/complete/PiP-2013-03.pdf

Robitaille, Pierre-Marie (2013) *Forty Lines of Evidence for Condensed Matter – The Sun on Trial : Liquid Metallic Hydrogen as a Solar Building Block*, Progress in Physics 10, 90-141; http://www.ptep-online.com/2013/PP-35-16.PDF

Robitaille, Pierre-Marie and Crother, Stephen J. (2015) *"The Theory of Heat Radiation" Revisited: A Commentary on the Validity of Kirchhoff's Law of Thermal Emission and Max Planck's Claim of Universality*, Progress in physics 11(2); http://www.ptep-online.com/2015/PP-41-04.PDF

Sanders, Robert (2010) *The Dark Matter Problem*, Cambridge University Press.

Secchi, Father Angelo (1870) *Le Soleil*, Gauthier-Villars, Paris.

Unzicker, Alexander et Jones, Sheilla (2013) *Bankrupting Physics*, Macmillan.

Unzicker, Alexander (2023) *Make Physics Great Again,* Amazon.

Whiting AB (2011) *Hindsight in Popular Astronomy*, World Scientific.

Zirin, Harold (1966) *The Solar Atmosphere*, Cambridge University Press.

Crédits pour les images

Non. Crédit à ; CC : Licence Creative Commons

Couverture	NASA , helioviewer.org.
1	Pierre-Marie Robitaille
1a	Michel Foley
2	Journal of Computer Assisted Tomography 24 (1), janvier 2000, P.-M. Robitaille. https://journals.lww.com/jcat/toc/2000/01000
3	domaine public
3a	Wikipédia (Spigett), CC 3.0 https://commons.wikimedia.org/wiki/File:Dispersive_Prism_Illustration.jpg
4	domaine public
4a	domaine public
4b	Université Purdue http://chemed.chem.purdue.edu/genchem/history/balmer.html
5	Wikipédia (JabberWok), CC 3.0 https://commons.wikimedia.org/wiki/File:Bohr_atom_model.svg
6	Archives Emilio Segre
7	Krzysztof Pachucki https://www.fuw.edu.pl/~krp/papers/camparge.pdf
8	Wikipédia (Chetvorno), CC 1.0 https://commons.wikimedia.org/wiki/File:Dipole_xmting_antenna_animation_4_408x318x150ms.gif
9	Wikipedia (Sch) 4.0, Alexandre Bessette, https://commons.wikimedia.org/wiki/File:Black_body-fr.svg
10	Zu-Po Yang et al. https://www.researchgate.net/publication/51088863_Experimental_observation_of_extremely_weak_optical_scattering_from_an_interlocking_carbon_nanotube_array/figures?lo=1
10a	Wikipédia (DeepKling), CC 3.0 https://commons.wikimedia.org/wiki/File:GraphitGitter4.png
11	P.M. Robitaille https://www.youtube.com/watch?v=3Hstum3U2zw
11a	P.M. Robitaille https://www.youtube.com/watch?v=3Hstum3U2zw
12	Wikipédia (DeGreen), CC 2.0 https://de.wikipedia.org/wiki/Datei:Sonne_Strahlungsintensitaet.svg
13	Alberti, Michael https://backend.orbit.dtu.dk/ws/portalfiles/portal/117613974/INFUB_Fulltext.pdf
14	P.M. Robitaille
15	NASA
15a	NASA

16	domaine public
16a	domaine public
16b	domaine public
17	domaine public
18	domaine public
18a	Wikipedia (double sharp), CC 4.0 https://commons.wikimedia.org/wiki/File:Hydrogen_Density_Plots.png
19	https://www.nationalgrid.com/stories/energy-explained/what-is-hydrogen
19a	domaine public
20	Alexandre Unzicker
21	Alexandre Unzicker
22	Archives nationales des États-Unis
23	Wikipédia (Pitana), CC 3.0 https://de.wikipedia.org/wiki/Datei:Phase_diagram_of_water.svg
24	math24.net
25	Wikipédia (Tretyak), CC 3.0 https://en.wikipedia.org/wiki/File:Phase_diagram_of_hydrogen.png
26	Wikipédia (WikiRigaou), CC 3.0 https://de.wikipedia.org/wiki/Rayleigh-B%C3%A9nard-Konvektion
26a	Wikipedia (Eyrian), CC 3.0 https://de.wikipedia.org/wiki/Konvektion#/media/Datei:ConvectionCells.svg
27	NSO/NSF/AURA
27a	J. Sánchez Almeida et al 2010 ApJL 715 L26 https://apod.nasa.gov/apod/ap100416.html
28	NSO/NSF/AURA
28a	Wikipédia (Ekrem Canli) , CC 4.0 https://commons.wikimedia.org/wiki/File:Haleakala_Observatory_2017.jpg
29	P.-M. Robitaille https://www.youtube.com/watch?v=3Hstum3U2zw
29a	P.-M. Robitaille https://www.youtube.com/watch?v=3Hstum3U2zw
29b	P.-M. Robitaille https://www.youtube.com/watch?v=3Hstum3U2zw
30	Télescope Daniel Inouye NSO/AURA/NSF
30a	Daniel Inouye NSO/AURA/NSF
30b	NSO/AURA/NSF -NASA Politique d'image Alan Friedmann
31	Wikipédia (Brocken Inaglory), CC 2.5 https://commons.wikimedia.org/wiki/File:2012_Transit_of_Venus_from_SF.jpg
31a	Diagrammes d'exoplanètes http://exoplanet-diagrams.blogspot.com/2015/07/solar-limb-darkening.html
32	NASA

32a	NASA
33	NASA
34	Wikipédia (Luc.rouppe), CC 4.0
	https://commons.wikimedia.org/wiki/File:Halpha_%2B700_limb_spicules_08Aug2007_SST.png
34a	NASA
35	NASA helioviewer.org
36	Centre de vol spatial Goddard de la NASA, CC 2.0
37	NASA, ESA, Consortium SOHO-EIT
38	Observatoire de la dynamique solaire SOHO NASA
39	ESA/NASA SOHO
40	Wiki (Warrickball), CC 4.0
	https://commons.wikimedia.org/wiki/File:ModelS_pmode_n14_l20_m16.png41
	Deutsches Museum, Archiv, BN 439524.0
42	NOAO/AURA/NSF, CC 4.0
43	Auteur (modifié) https://www.youtube.com/watch?v=Mc1oFJp3apw
44	Wiki (Luc Viatour), CC 3.0
	https://commons.wikimedia.org/wiki/File:Solar_eclips_1999_5.jpg
44a	Robert Nufer
	https://robertnufer.ch/02_finsternisse/2009_china/2009_china_tagebuch/china_2009_tagebuch.htm
45	P.-M. Robitaille
46	Musée de l'espace de Hong Kong
	https://hk.space.museum/archive/EducationResource/Universe/framed_e/lecture/ch11/imgs/surface_temp.gif
47	ESA&NASA/SOHO /[EIT]
48	domaine public
49	domaine public
49a	domaine public
49b	domaine public
50	Adam Block/Mount Lemmon SkyCenter /Université de l'Arizona, CC 3.0
50a	domaine public
51	Fritz-Zwicky-Stiftung, Glaris
51a	Domaine public
52	ESA/Gaia/DPAC, CC 3.0
53	Wikipédia (Richard Powell), CC 2.5
	https://commons.wikimedia.org/wiki/File:HRDiagram.png

[1] https://www.youtube.com/watch?v=0fB9M4vjHXY&t=1620s .
[2] https://www.youtube.com/watch?v=9TOKo7Ik9f8 .
[3] PM Robitaille, Progr. Physics 2007, 4, 117; http://ptep-online.com/2007/PP-11-18.PDF.
[4] D Rabounski, Progr. Physics 2011, 3, L1 ; https://ptep-online.com/2011/PP-26-L1.PDF.
[5] P-M Robitaille, AM Abduljalil, A Kangarlu, J. Computer Assisted Tomography 2000, 24(1), 2-8.
[6] P-M Robitaille et L Berliner (2006)
[7] P-M Robitaille (2006), p. xiii.
[8] AD Elster, *Clinical MR Imaging at 8 Tesla*, J. of Computer Assisted Tomography 1999, 23(6), 807.
[9] T Budinger, Neuroimage 2018, 168, 509ff.
[10] Image haute résolution de la tête humaine, voir PM Robitaille et. coll., JCAT 2000, 24-1, 2.
[11] Voir, par exemple, https://www.baslerstadtbuch.ch/stadtbuch/1985/1985_1815.html .
[12] Il existe une régularité appelée la loi de Bode, mais ce n'est pas une loi rigide de la nature.
[13] A Einstein, Ann. Phys. 1905, 322, 891; https://www.fourmilab.ch/etexts/einstein/specrel/www/
[14] Feynman lectures on physics II, chap. 28; Landau et Lifshitz, theoretical physics II, § 75.
[15] https://fr.wikipedia.org/wiki/Loi_de_Wien.
[16] https://fr.wikipedia.org/wiki/Loi_de_Rayleigh-Jeans.
[17] https://onlinelibrary.wiley.com/doi/pdf/10.1002/phbl.20000561215 (allemand).
[18] G Kirchhoff, Monatsberichte der Akademie der Wissenschaften zu Berlin 1859, 783–787.
[19] P-M Robitaille, Progr. Physics 2009, 4, 1-11; http://ptep-online.com/2009/PP-19-01.PDF.
[20] B Stewart, Trans. Royal Society Edinburgh 1858, 22(1), 1–20.
[21] https://en.wikipedia.org/wiki/Kirchhoff%27s_law_of_thermal_radiation .
[22] https://www.youtube.com/watch?v=YQnTPRDT03U , Is Kirchhoff's law true? The Experiment, YouTube (Sky Scholar).
[23] P-M Robitaille, Progr. Physics, 2011, 3, 36ff; http://ptep-online.com/2011/PP-26-06.PDF.
[24] https://backend.orbit.dtu.dk/ws/portalfiles/portal/117613974/INFUB_Fulltext.pdf
[25] P-M Robitaille, Progr. Physics 2018, 14, 141-151.
[26] https://vixra.org/pdf/1708.0053v1.pdf ; https://www.youtube.com/watch?v=YQnTPRDT03U
[27] https://www.youtube.com/watch?v=GxEokSd-o5o .
[28] Voir Miller (2005) pour plus de détails.
[29] A Unsöld, Zeitschrift für Physik 1928, 46, 765ff; Russell HN, Astrophys. J. 1929, 70, 11ff.
[30] M Saha, Ionization in the solar chromosphere. Phil. Mag. Ser. 6, 1920, 40, Nr. 238, 472–488.
[31] https://en.wikipedia.org/wiki/Vacuum; https://fr.wikipedia.org/wiki/Vide.
[32] H Zirin, p. 72.

33 H Zirin, p. 268.
34 https://en.wikipedia.org/wiki/Photosphere; https://fr.wikipedia.org/wiki/Photosphère.
35 https://www.oxfordreference.com/display/10.1093/oi/authority.20110803100429601.
36 P-M Robitaille, Progr. Physics 2011, 3, 93. http://ptep-online.com/2011/PP-26-11.PDF.
37 Par exemple, Michael Stix, The Sun (2nd Ed.), Springer 2004, p. 50.
38 JB Kaler : Stars, Scientific American Library (1992).
39 GJ Stoney, On the physical constitution of the sun and stars, Proc. Roy. Soc. Lon. 1867, 16, 25ff.
40 Voir, par exemple https://en.wikipedia.org/wiki/Nuclear_fusion; https://fr.wikipedia.org/wiki/Fusion_nuclèaire.
41 Pour un récit historique, voir Jungk (1958)
42 Pour plus de details, voir: https://en.wikipedia.org/wiki/Transition_metal; https://fr.wikipedia.org/wiki/Métal_de_transition
43 E Wigner, HB Huntington, On the possibility of a metallic modification of hydrogen. J. Chem. Physique 1935, 3(12), 764; Wigner a obtenu le prix Nobel en 1963, mais pour d'autres raisons.
44 RP Dias et IF Silveira, Science 2017, 355, 715-718.
45 Dans Saturne, par exemple, l'état métallique liquide est supposé se produire à 47 % de son rayon, voir https://fr.wikipedia.org/wiki/Saturne_(planète)
46 A Unzicker, https://vixra.org/abs/2301.0102.
47 A Unzicker, https://vixra.org/abs/2301.0102.
48 H Zirin, The mystery of the chromosphere, Solar Phys 1996, 169, 313–326.
49 Image extraite de la vidéo: Baker Nuclear Test, US National Archives, Motion Picture Branch G342, Department of the Air Force, 342-USAF-34282AR46-51
50 https://www.youtube.com/watch?v=fynuCLQp1TE&t=7m.
51 https://en.wikipedia.org/wiki/Sunspot.; https://fr.wikipedia.org/wiki/Tache_solaire.
52 https://www.mps.mpg.de/5742487/wilson-depression.
53 Image obtenue par: Nuclear Spectroscopic Telescope Array (NuSTAR)
54 https://www.youtube.com/watch?v=MBt8Flbngt8; PM Robitaille, Progress in Physics 2013, 3, L15-L21 http://www.ptep-online.com/2013/PP-34-L6.PDF.
55 https://www.spiegel.de/wissenschaft/weltall/sonnensturm-2012-fast-katastrophe-auf-erde-plasma-verfehlt-planet-a-982652.html.
56 https://www.youtube.com/watch?v=HloC4xMg4Z4. Une séquence impressionnante de l'événement est également disponible sur: http://www.zam.fme.vutbr.cz/~druck/SDO/Pm-nafe/2011_06_07/0-info.htm.
57 L van Driel-Gesztelyi et coll., Astrophysical J. 2014, 788(1), 85; https://arxiv.org/abs/1406.3153

58   S Dolei et coll., Astron. Astrophys. 2014, 562, A74; https://arXiv:1401.7984
59   HR Gilbert et coll., Astrophysical J. Lett. 2013, 776, L12; https://arxiv.org/abs/1309.1769
60   https://www.youtube.com/watch?v=HFT7ATLQQx8
61   La plupart des vidéos avec des éjections de masse coronale proviennent du site www.helioviewer.org, où des vidéo de tout moment peuvent être personnalisés et téléchargés.
62   https://en.wikipedia.org/wiki/Vacuum .
63   H Zirin, The mystery of the chromosphere, Solar Phys. 1996, 169, 313–326.
64   https://soho.nascom.nasa.gov/bestofsoho/Helioseismology/mdi026.html .
65   https://soho.nascom.nasa.gov/data/data.html .
66   JN Bahcall et coll., Astrophys. J. 2001, 555, 990-1012 ; https://arxiv.org/abs/astro-ph/0010346.
67   PM Robitaille, Progr. Phys. 2013, 4, p. 127; http://www.ptep-online.com/2013/PP-35-16.PDF.
68   https://en.wikipedia.org/wiki/Chromosphere; https://fr.wikipedia.org/wiki/Chromosphère.
69   SkyScholar (YouTube): Hélium Triplet Lines: Evidence of Chemical Reactions in the Chromosphere; https://www.youtube.com/watch?v=Km9gDB8gRYY&t=300s.
70   https://periodictable.com/Properties/A/SolarAbundance.an.log.html; https://adsabs.harvard.edu/full/1956ApJ...123..285A.
71   https://www.youtube.com/watch?v=Km9gDB8gRYY&t=530s; https://arxiv.org/abs/1912.00844
72   L. König et coll., Science 1996, 274(5291), 1353-1354; https://www.youtube.com/watch?v=UHD06X51o-k&t=390s.
73   https://www.youtube.com/watch?v=KZTrscf061s.
74   https://www.youtube.com/watch?v=5xdjoluC3MM.
75   Voir, par exemple, RD Dietz, FQ Orball, Astrophys. J. 1969, 158, 1239-1242; ou GA Doschek, HP Warren, HP, Astrophys. J. 2016, 825, 36ff.
76   Pour cet exemple, voir https://www.youtube.com/watch?v=UHD06X51o-k.
77   TA Schad, MJ Penn, https://arxiv.org/abs/1008.5375.
78   Voir pour un résumé, https://science.nasa.gov/news-articles/the-mystery-of-coronal-heating.
79   https://www.youtube.com/watch?v=5xdjoluC3MM.
80   H Zirin (1966), p.72.
81   Voir aussi H Zirin, T Hirayama, Astrophys. J. 1985, 299, 536-541.
82   Connu depuis l'article fondateur d' EN Parker, Astrophys. J. 1958, 128, 664ff.
83   PM Robitaille, Progr. Phys. 2013, 4, 127ff; http://www.ptep-online.com/2013/PP-35-16.PDF; PM Robitaille, SJ Crothers, Physics Essays 2019, 32-1, 1-4; Voir aussi https://www.youtube.com/watch?v=tfSI5z6_vEw.
84   H Zirin (1966), p.183.

85   The solar orbital mission, Astron. Astrophys. 2020, 642, A1; https://arxiv.org/pdf/2009.00861.pdf.
86   E Marsch, Annales Geophysicae 2018, 36, 1607–1630.
87   https://de.wikipedia.org/wiki/Kreutz-Gruppe.
88   http://www.zam.fme.vutbr.cz/~druck/SDO/Pm-nafe/2011_12_15/0-info.htm.
89   Une autre vidéo haute résolution sur la dissolution d'une comète est disponible sur http://www.zam.fme.vutbr.cz/~druck/SDO/Pm-nafe/2011_07_05/0-info.htm.
90   A Eddington, Mon. Not. Roy. Astro. Soc. 1924, 84, 308–322.
91   Pour la controverse Eddington-Jeans, voir Whiting (2011).
92   https://en.wikipedia.org/wiki/Mass%E2%80%93luminosity_relation.
93   MJ Disney et coll., Nature 2008, 455, 1082–1084.
94   PM Robitaille, Progr. Phys. 2013, 4, 129ff; http://www.ptep-online.com/2013/PP-35-16.PDF; voir aussi S Ichimaru, H Kitamura, Phys. Plasmas 1999, 6(7), 2649–2671; J Schou et al., Astrophys. J. 1998, 505, 390–417.
95   Voir Unzicker (2023), p. 132.
96   Poppers (1934).
97   Poppers (1994).
98   En allemand, www.telepolis.de/features/Ist-die-Sonne-wirklich-gasfoermig-3366334.html; www.telepolis.de/features/Evidenz-fuer-eine-fluessige-Sonne-3369660.html.
99   PM Robitaille, The Collapse of the Big Bang and the Gaseous Sun, New York Times 17/3/2002,18.
100   Quelqu'un en Californie qui a fait un doctorat avec un lauréat du prix Nobel; https://www.youtube.com/watch?v=0fB9M4vjHXY&t=2160s; La photosynthèse a également été publiée pour la première fois dans le NYT.
101   M Stix, The Sun (2nd Ed), Springer 2004, S. 50.
102   PM Robitaille, Progr. Phys. 2011, 3, p. 43; http://www.ptep-online.com/2011/PP-26-06.PDF
103   PM Robitaille, Progr. Phys. 2011, 3, p. 41ff; http://www.ptep-online.com/2011/PP-26-06.PDF
      Ce n'est que bien plus tard que Jeans cédera (Whiting 2011, p. 231ff).

www.ingramcontent.com/pod-product-compliance
Lightning Source LLC
Chambersburg PA
CBHW080456220526
45465CB00006B/2292